岩波現代文庫／学術371

D. L. グッドスティーン
J. R. グッドスティーン

砂川重信［訳］

ファインマンの特別講義

惑星運動を語る

岩波書店

FEYNMAN'S LOST LECTURE
The Motion of Planets Around the Sun

by David L. Goodstein and Judith R. Goodstein

Copyright © 1996 by the California Institute of Technology

First published 1996
by W. W. Norton and Company, Inc., New York.

First Japanese edition published 1996,
this edition published 2017
by Iwanami Shoten, Publishers, Tokyo
by arrangement with
W. W. Norton and Company, Inc., New York
through Japan UNI Agency, Inc., Tokyo.

R. P. ファインマンを偲んで
　ファインマン先生がとても明快に話したことを，さらに解説する必要がある．私たちがそう考えたことを知ったら，さぞかし彼はびっくりすることだと思います．

読者へのメッセージ

いま訳者の机上に，ニュートンの『自然哲学の数学的原理』，通称『プリンキピア』の邦訳が2冊おかれています．その1つは，1930年に春秋社という出版社から刊行された「世界大思想全集」のなかの1冊で，岡邦雄という人が訳したものです．これは英訳からの重訳のようです．もう1冊は，1971年に中央公論社から出版された「世界の名著」のなかの1冊で，こちらのほうは河辺六男氏によってラテン語の原本から直接に訳されたものです．昔はともかく，現在ではこれほど読まれることの少ない名著というのも珍しいのではないでしょうか．科学史の専門家は別として，物理学者でこの本を通読した人はおそらくほとんどいないといってよいのではないでしょうか．これを書いている訳者自身，ぺらぺらと拾い読みをしたことはありますが，通読したことはありません．というのは，読もうにも読めないのです．現代の物理の本と違って，微分方程式や数式の計算といったものは1つもありません．あるのは平面幾何の図形ばかりで，それもギリシアのアポロニウスの円錐曲線論か何かに出ているらしい円錐曲線に関する定理が次々に出てきて，正直にいって何をやっているのかさっぱり分からないからです．

訳者らが学生時代に習ったのは，デカルト以来の解析幾何学による円錐曲線の話で，同じ円錐曲線を扱っていても，ま

るで風景が違います．一方，力学のほうはどうかといいますと，これもまた私たちの知っているのは，運動法則を微分方程式で表わし，それを解くという解析的な方法です．

ところが，この解析的方法というのが，物理の専門家は別として，物理を勉強しようとするとき，一般の好学の人たちにとって最大の障害になっているといってよいでしょう．誰かの本に，数式が1個ふえるごとに，読者の数が半減すると書いてあったのを憶えています．このことは，一般の人たちだけではなく，大学に入学したばかりの学生にとっても同じことだと思います．大学に入学すると，理科系の学生は，いやでも物理の講義を聞かされます．そしてまず出てくるのが，微分方程式で表現されたニュートンの運動法則です．そして，この本のテーマである太陽のまわりの惑星の運動を扱うときには，その微分方程式を極座標系というもので表現します．その計算というのがかなり面倒なもので，高校で習ったはずの微分計算とはかなり風景が違っているようです．大学の初年級の講義は，高校の繰り返しにすぎないと，新聞などで悪口をいわれていますが，それを信じてのんびりかまえた学生は，ボクサーがリングにあがった途端に，強烈なアッパー・カットを食らったように，これだけで何十パーセントかの人が，ダウンしてしまいます．大学に入ったらおおいに遊ぼうと考えていた学生の目を覚まさせる効果はあるかもしれませんが，それにしても犠牲者の数が多すぎるようです．

大学に入学してくる学生のほとんどの人は，物理とは，相

互に何の関係もない数多くの「公式」を丸暗記させて，日常生活では経験したこともない現象についての人工的な問題を解かせる，いけ好かない学問だと考えているようです．ところが本当は，そうではないのです．物理学という学問は，実験によって得られた数多くの経験事実を法則という形にまとめあげ，そして逆にその法則からすべての現象を論理的に導き出し，さらには未知の現象の存在を予言するという学問なのです．つまり，実験と推理という2つの車輪を転がして，この世界の本質を探究する学問です．それは，多くの人が考えているような断片的知識の集積といったものではありません．また，世界の統一的な解釈を求めるといっても，他人のいうことを頭から信じる宗教のようなものでもありません．このいちばん大事なことを理解していない，理工系の大学出身者が数多くいるということは，まことに嘆かわしいことです．

　この書物は，多くの人にとって頭の痛くなるような数式を一切用いず，速度の変化，つまり加速度が加えた力に比例するというニュートンの運動法則と，その大きさが距離の2乗に反比例するという万有引力の法則にもとづき，初等平面幾何学，それも垂直二等分線という中学生でも知っている知識だけを利用して，惑星の太陽のまわりの楕円運動を導くことを目的としたものです．平面幾何学を利用する点では，ニュートンの『プリンキピア』と共通していますが，ニュートンの本のように，現代人に理解できないような難しい知識はま

ったく必要としていません．ですから，もうずっと前に高校を卒業してしまった人，また現役なら高校の1年生にもこの本は読めるはずです．このやり方を発明したのが，この本の題名に出てくるリチャード・ファインマンです．

さて，この本の内容について，少し説明しておきましょう．この本の原題は，『ファインマンの失われた講義』というものです．これは1964年の春に，カリフォルニア工科大学(略称，カルテク)でファインマンがやった講義ですが，その記録が行方不明になっていたのです．最近になって，その講義のノートや録音テープを発見したのが，この本の著者たちで，苦心惨憺の末，それを復元することに成功したというわけです．まえがきと序章には，そのいきさつと，それを本にした動機が詳しく語られています．

第1章は，コペルニクスの地動説から，ニュートンの『プリンキピア』の発刊にいたるまでの歴史的展望が簡潔に説明されています．それはまた同時に，ニュートン力学の考え方の格好の解説にもなっていますので，力学をまったくご存知ない読者にとって，この本の中核である第3章を理解するための予備知識としてお役に立つものと思います．

第2章は，その生前，長期間にわたってファインマンの同僚として親しく接してきた著者の実体験にもとづく，ファインマンという人物の回想記です．これを読めば，ファインマンという人がどんなに変わった，しかし優れた人であったかを知ることができるでしょう．

第3章は，この本の中心部分というべきものです．ファインマンの講義を復元した著者は，まことに忠実に，そして物理を勉強したことのない人にも分かるように，詳細にわたって，ファインマンの惑星の楕円運動の証明を解説しています．物理に詳しい人は，話がくどすぎるという印象をもつかもしれませんが，この種の厳密な論証に慣れていない一般人にとっては，少々くどいほうが，言葉不足による誤解を招くよりはずっとよいと思います．この論証の進め方を見ることによって，一般の人たちも，物理学の物の考え方の本質，つまり，物理は単なる断片的知識の集積ではないことを体験的に把握できるでしょう．前にも述べましたように，利用されるのは，極端な表現をすると垂直二等分線の性質だけというのですから，どうか最後まで読み通してほしいものです．

　第4章は，ファインマンが1964年に，カルテクで実施したその講義の録音テープを掘り起こしたものです．原著には，そのCDがついていて，このCDを聞きながら，この文章をたどり，ファインマンという人物を実感してほしいということなのです．しかし，ファインマンの英語というのは，もう機関銃から発射される弾丸のようでして，まあ普通の日本人にはとても聞きとれるようなものではありません．それで，この訳書では，CDは割愛して，ファインマンの話をそのまま訳しておくことにしました．内容は第3章とまったく同じものなのですが，黒板の図を指さして，あの赤い線とこの線はだの，この青い三角形の面積とあれは等しいなどといわれ

ても，その黒板の図がないのですから，この文章を読んでも，ファインマンが何をやったのか理解できるはずがありません．ですから，この文章を読んだが分からないと文句をいわないでほしいものです．

　ただ，これを読めば，これからファインマンの講義の内容を復元した著者たちの苦心が理解できようというものです．それから，ファインマンという人がどんな人間であったか，その風貌の一端がつかめるのではないかと思います．そういう意味で，この訳もまた無意味ではないでしょう．

　終章は，20世紀の初頭に，ニュートン力学が現代物理学に取って代わられたいきさつが解説されています．現代物理学というのは，相対性理論と量子力学のことです．もちろん，この終章を読んだだけで，その内容が分かるはずはありませんが，現代物理学のもつ意味を，読者が知り，それをきっかけとして，さらに深く学ぶことになればという著者の願いの表われではないでしょうか．

　最後に，この書物が，現代の若者たちの理科離れの傾向への1つの歯止めとなれば幸いです．なお，原著の発刊前に，この本を訳すよう勧めてくださった岩波書店の宮内久男氏に感謝したいと思います．

　　　1996年7月

　　　　　　　　　　　　　　　　　　　砂川重信

まえがき

　ここでお話しするのは，迷子になったファインマンの講義のノートが，どうして行方不明になり，それがまたどういうことで見つかることになったかのいきさつについてです．

　1992年の4月，カルテクの記録保管員の私は，物理学科の主任のゲリー・ノイゲバウアー教授から，ロバート・レイトン教授の研究室にある書類をよく調べたかと聞かれました．レイトンは病気で，そのため彼の研究室はもう何年にもわたって利用されていませんでした．レイトンの奥さんのマージは，ノイゲバウアーに研究室を片付けてもけっこうですといっていました．彼女はすでにご主人の本や私物を集めていました．それで資料館として欲しいものを私がとり，その残りを物理学教室が処分するということになったわけです．

　レイトンは，1970年から1975年までの物理教室の親玉の仕事のほかに，マシュー・サンズとともに，カルテクの新入生と2年生のために実施された2年間にわたるリチャード・ファインマン教授の初等物理の講義の編集と刊行を総括する仕事にたずさわっていました．1960年代の初期にアディソン・ウィズリー社から3巻本として出版されたその講義(『ファインマン物理学』)は，実質的に物理の全領域を扱っており，それは今日にいたるまで，その新鮮さと独創性を保っています．私は，そのレイトンとファインマンの共同作業のはっき

りした証拠を見つけたいと思っていました．

いたるところにしまわれている書類の山をより分けるのに2週間ほどかかりました．でも，レイトンは私の期待を裏切りませんでした．私は2冊のホルダーを掘り出しました．その1つは，未完の「ファインマンの新入生用講義」で，もう1つは，「アディソン・ウィズリー」と銘打ったもので，それらは，ここ数十年間の予算書と購買注文書と，それから無数の数字でおおわれた黄ばんだコンピューター用紙の山の間に押しこまれていました．これらはみな，彼の研究室のすぐ外の倉庫のなかにまとめてほうりこまれていました．レイトンと出版社との往復文書には，本の体裁，カバーの色，外部の読者からのコメント，他の学校の採用状況，それから本がどれだけ売れそうかという見積りに関する詳細が含まれていました．私はそのホルダーを「救助」と名付けた山積みの上に置きました．もう1つのホルダーは，未刊行のファインマン物理学の講義を含むもので，私はそれを自分で資料館に持ち帰りました．

『ファインマン物理学』の1963年6月のファインマン自身の序文のなかで彼は，そこに含まれていない講義のあるものについてコメントをしています．彼は最初の年に問題の解き方に関する選択科目の3つの講義を担当しました．そして事実，レイトンのホルダーのなかの項目のうちの3つは，1961年12月にファインマンが行なった概論A，B，Cの生の筆記録であることが分かりました．慣性航法に関する講義は，

まえがき　xiii

ファインマンが次の月に行なったもので，これもまたファインマン自身の不幸な決断によって切り捨てられたものです．私はレイトンのホルダーのなかで，この講義の筆記録の一部を見つけました．またそのホルダーには，それに続く 1964 年 3 月 13 日の日付のある未刊行の講義の筆記録の一部があり，そこにはファインマンの手書きのノートが，1 束いっしょに含まれていました．それは，「太陽のまわりの惑星の運動」と題するもので，アイザック・ニュートンの『プリンキピア』のなかの楕円の法則の幾何学的証明に対する，正統的な方法とは別のやり方を与えるものでした．

　1993 年の 9 月，私はファインマンの講義の録音テープの原物のリストを作成する機会を得ました．これらのテープは資料館に所属することになったのです．そのなかには，アディソン・ウィズリーの本にはない 5 つの講義が含まれていました．そこで私は，レイトンのファイルのなかの 5 つの未刊の講義を思い出したのです．これらの未刊行の筆記録は，あの 5 つのテープに対応しているに違いありません．また資料館には，これらの講義のうちの 4 つの講義 —— ファインマンが彼の序文で述べた 4 つの講義 —— に対応する黒板上の図形と数式を写した写真があります．ところが，1964 年 3 月の惑星の運動に関する講義の写真は 1 枚も見つかりませんでした．（この本の挿し絵を選んでいる途中で，私は偶然，この特別講義をやっている間に撮られたファインマンの写真を 1 枚見つけました．それを複写したのが目次裏の写真です．）

ファインマンは，1964年の講義の黒板に書いた図のスケッチを含むノートをレイトンに渡したのですが，『ファインマン物理学』の最終巻(1965年)にこれを入れないことに決めたのは明らかにレイトンです．この巻は本来，量子力学を扱うものだったからです．やがて，この講義のことは忘れられてしまいました．事実上，それは失われてしまいました．

これらの5つの未刊のファインマンの講義を全部，忘却のかなたから救出しようというアイディアが，デイビッドと私に要望されました．そこでその年の12月，私たち夫婦がよくやることなのですが，2人でフラスカチというイタリアの丘の町に旅行したとき，テープのコピー，筆記録，黒板の写真とファインマンのノートを携行しました．次の2週間の間に，私たちは耳をすませてテープを聞き，メモをとり，ファインマンの冗談に笑い，それぞれの講義のあとの学生たちの質問とそれに対するファインマンの答に緊張したりして，たくさんのノートをとりました．しかし最終的には，いまなお生命力，独創性と，それにファインマンが教室にいることに伴う迫力を保つ講義は，惑星の運動についての1964年の講義だけであるという結論に達したのです．——しかしそれには，黒板の写真を十分に補足することが要求されます．ところがそれがないのです．そこで私たちはやむなくこの計画を放棄せざるをえませんでした．

私はそう思ったのです．ところが，ファインマンの講義の断片がデイビッドの脳裏を離れないのです．とくに，彼が次

の年に新入生の同じ問題についての講義を担当することになったときにそうなったのです．彼はそのテープをもっていました．しかし，ファインマンのノートにある数個のじれったいスケッチと，ファインマンが学生というよりも自分自身のために書きとめたいくつかの言葉から，黒板に書いた図形や記号を再現することができるだろうか．「ともかく，もう一度やってみよう」と彼はいいました．それは1994年の12月のはじめ，私たちがパナマ運河経由の旅行に出かけようと荷作りをしていたときでした．こんど私たちが携行したのは，1964年の講義の筆記録とそのノート，それからおまけに，ケプラーの『新天文学』とニュートンの『プリンキピア』から選び出した適当なページだけでした．

S.S.ロッテルダム号で，アカプルコからフォート・ラウダーデールまで航行するのに11日間かかりました．毎日2時間から3時間の間，デイビッドは私たちの船室に閉じこもって，ファインマンの失われた講義の解読につとめました．ファインマンがやったように，彼はまずニュートンの幾何学的証明から始めました．最初の突破口は，彼が『プリンキピア』のカジオリ版の40ページのニュートンの書いた図とファインマンの最初のスケッチの一致を見つけたときに開かれたのです．デイビッドが，自分もまたある点までのニュートンの話の筋道をたどることができたといいだしたのは，私たちがもう3日または4日ぐらい海上にいて，コスタリカの海岸線がはっきりと見えたときでした．私たちが太平洋から大

西洋に移動するときには，彼はまばらに散らばるファインマンの曲線や角，そして交差する線の上手な手書きの図形の完全なとりこになっていました．彼は，船からの風景を無視して船室にこもり，ニュートンの，ファインマンの，そして彼自身の幾何学の図形に夢中になっていました．朝も夕も，毎日長い長い間．私たちがフォート・ラウダーデールに到着したとき，彼はファインマンの議論のすべてを知り，理解しました．帰路の航空機上で，この本は形をなしたのでした．

この書物の最終的な形は私たちの家族や友人に負うところが大です．マルシヤ・グッドスティーンは，ファインマンの幾何学の話を説明するのに必要な約150個の図を描くための非常に簡単なソフトをうまいこと作ってくれました．卓越した編集者で外交家でもあるサラ・リピンコットは，文章の調子や体裁について親切に教えてくれました．W. W. ノートン社の副社長のエド・バーバーは，長い間この本の出版を勧めてくれたのですが，その努力は失われた講義が再現されたときに報われました．ロビー・フォグトは物語の起源についていろいろ教えてくれました．ジム・ブリンは原稿を読んで有益な示唆を与えてくれました．ジム・テレグリは，この本の主題に関するジェームス・クラーク・マクスウェルの証明について，私たちの注意を喚起してくれました．最後に，カール・ファインマンとミシェル・ファインマンの親切な協力と，カルテクの知的所有権の弁護士のマイク・ケラーのさわやかな援助に感謝したいと思います．なお，この本の収益は，カ

ルテクの科学と学術研究を援助するために使われます．

　この本の写真は全部カルテクの資料館からのものです．

　1995年5月　パサデナにて

　　　　ジューディス・R. グッドスティーン

目　　次

読者へのメッセージ
まえがき

序　　章 ………………………………………………………… 1

1　コペルニクスからニュートンまで ………………… 9

2　ファインマン──1つの回想 ……………………… 43

3　楕円の法則のファインマンの証明 ………………… 75

4　太陽のまわりの惑星の運動 ………………………… 163
　（1964年3月13日）

終　　章 ……………………………………………………… 205

参考文献 ……………………………………………………… 217

序　章

> 何物をも発見することなく長々と大問題について議論するよりも，私はむしろ，たとえ小さなことでも一つの事実を発見するほうがよいと思う．
> —— ガリレオ・ガリレイ

　この書物は，たしかに小さなことではありませんが，たった1つの事実についての本です．惑星または彗星，あるいはまた他の何でもよいのですが，それが宇宙空間を貫いて，重力の作用のもとで弧を描いて動いているとき，それは数学的曲線のうちの非常に特殊な組の1つを描きます．それは円または楕円，放物線，あるいはまた双曲線のうちのどれかです．これらの曲線はまとめて円錐曲線として知られています．なぜ自然は天空に，これらの，そしてこれらだけの美しい幾何学的図形を描き出すことを選んだのでしょうか．この問題は，深遠な科学的かつ哲学的意味をもつだけでなく，歴史的にも大きな意味をもつことが明らかにされています．

　1684年の8月，エドムント・ハレー（後に彼の発見した彗星にその名がつけられました）は，高名な，しかしいくらか変わり者の数学者アイザック・ニュートンと天体力学に関して話をするために，ケンブリッジに旅行をしました．惑星の運動は，太陽と惑星の間の距離の2乗に反比例して減少する太陽からの力の結果によるものだろうという考えは，当時の科学界に広く流布していました．しかし，それまで誰もその十分な論証を与えることができませんでした．ところがニュ

ートンは，自分はそのような力が楕円軌道——それはまさに，ヨハネス・ケプラーが70年も前に天体の観測にもとづいて導いた軌道——を与えることを証明できたともらしたのです．ハレーはニュートンにその証明を見せてくれるよう迫りました．ところがニュートンは，私はその証明をどこかに置き忘れてしまったといって断わったのです．しかし，それをもう一度やり直して，ハレーに送ることを約束しました．事実，それから数か月の後，1684年の11月に，ニュートンは9ページの論文を送り，そのなかで彼は，重力の逆2乗の法則が，ある力学の基本原理を用いることによって，楕円軌道だけでなく，ケプラーの惑星運動の他の法則と，さらにその他のことをも与えることを証明しました．ハレーは，自分が自分の手のなかに宇宙を理解する鍵そのものを握っていることを知りました．そしてそのとき以来，そのように考えられるようになったのです．

　ハレーはニュートンに，それを出版する準備をするようにしきりにうながしました．しかしニュートンは，自分の仕事にまったく満足せず，その改訂を望んで，そのため出版が遅れたのです．遅れはほとんど3年にも及びました．その間ニュートンは，こんどは徹底的にこの問題にとりかかり，この仕事のほかはもう何もしないように見えました．こうして，1687年の末に出現したのが『自然哲学の数学的原理』，通称『プリンキピア』だったのです．それはニュートンの傑作であり，近代科学を創始した書物でした．

それから約300年の後，物理学者リチャード・ファインマンは，明らかに彼自身の楽しみのために，初等平面幾何学よりも程度の高い数学を用いないで，ケプラーの楕円の法則を証明しようと企てたのです．彼が1964年3月のカルテクの新入生のクラスの特別講義を依頼されたとき，ファインマンはその講義をその幾何学証明にもとづいてやることにしました．その講義は当然，録音テープにとられ，また筆録されました．普通は，ファインマンが講義をしている間の黒板の写真も撮られるのです．このときもそうしたのですが，ところがそれは残りませんでした．彼がどの図のことをいっているのかを示す印がなければ，その講義を理解することはできません．しかし，その講義のファインマン自身のノートが，彼の共同研究者のロバート・レイトンの書類の間から再発見されたとき，ようやく彼の議論の全体像を再構成することが可能になったのです．

ファインマンの失われた講義のノートの発見は，私たちに絶好の機会を与えてくれました．ほとんどの人々にとって，ファインマンの人気は，彼の悪漢風の行為によるものでして，そのことは彼の逸話を集めた2冊の本（『ご冗談でしょう，ファインマンさん』と『困ります，ファインマンさん』）に詳しく書かれています．これらの本は，彼がレイトンの息子ラルフと協力してその晩年に著わしたものです．これらの本のなかの話は，どれも皆，とても面白いのですが，どれも大げさに誇張されて受けとられています．なぜなら，その主人公は

また英雄と呼ぶにふさわしいひとりの理論物理学者なのですから．しかも，科学者ではない読者には，ファインマンの心のなかを見通し，また彼のもつ他の面——つまり，その科学的思考についての忘れえぬ印象を残す強力な知性——を知るすべはありません．しかしながら，この講義のなかでは，ファインマンは彼の才能，洞察力，直観力のすべてを動員し，そして彼の議論は，数学的知識を一段一段重ねていくことで話をあいまいなものにしたりしません．数学的知識というと，物理学におけるファインマンの業績の多くは初学者にとって理解不能ですが，この講義は，平面幾何学をマスターした人なら誰にでも，仕事中の偉大なファインマンを知る機会を与えるものなのです！

　ファインマンは，なぜ楕円のケプラーの法則を平面幾何だけを使って証明しようとしたのでしょうか．この仕事は，もっと進んだ数学の強力なテクニックを用いることによって，もっと容易にやることができるのです．そのような進んだテクニックのいくつかを自分自身で発明したにもかかわらず，アイザック・ニュートンが，彼自身による『プリンキピア』でのケプラーの法則の証明で，平面幾何だけを用いたという事実に，明らかにファインマンはその好奇心をそそられたのです．ファインマンはニュートンの証明を筋を通して理解しようとしました．ところが彼は，ニュートンの議論のあるポイントを乗りこえることができませんでした．なぜかといいますと，ニュートンはファインマンの知らない円錐曲線の不

可解な性質(それはニュートンの時代にはホットなトピックスだったのです)を利用しているからです．そのために，彼が講義のなかで言っているように，ファインマンは独自の証明法をつくりあげたのです．

さらに，これは，ファインマンが単にいたずら書きをした1つの面白い知的パズルに止まるものではありません．楕円の法則のニュートンの論証は，古代世界を近代世界から分離する1つの分水線——あの科学革命の絶頂点なのです．それは，ベートーベンの交響曲，あるいはシェイクスピアの劇，またはミケランジェロのシスティナ礼拝堂に比肩される人間精神のこの上ない偉大な業績の1つなのです．物理学史上の重要性は別にしても，それは，ニュートンの時代以来，すべての深刻ぶった思想家たちを煙にまき困惑させた驚くべき事実，自然は数学に従うという事実の決定的な証拠となっています．

これらのすべての理由から，このファインマンの講義は世界中の人が見られるように公開される価値があるように思われます．しかし，その代償は読者にとって安いものではありません．この特異な講義は，カルテクの新入生のクラスのなかの数学を得意とする連中をもひるませたに違いありません．たとえ，それぞれの独立したステップは初等的なものであっても，全体としてはその証明は単純なものではありません．そして，いったんファインマンの書いた黒板や，教室でのファインマンの生気あふれる風貌から離れてしまうと，その講

義はそのあとをたどるのがきわめて難しくなってしまうのです．にもかかわらず，この本の目的は，ニュートンの楕円の法則の論証の歴史的意味を記述し，さらにファインマンその人の生涯と業績を語ることにより，読者をこの世界に引きこむことにあります．それからまた，それに劣らず，ファインマンがその講義で述べた証明を再構成し，それを高校で教わった幾何を憶えている読者に非常に詳しく，かつ丁寧に説明することによって，ファインマンのすばらしい理論を理解してもらうことにあります．こうして，その講義の，この本に含まれている筆記版と録音版の両方の用意が整ったわけです．（訳者註：日本語版では録音版は出版されていません．）

1
コペルニクスから
ニュートンまで

1543年，ポーランドの修道士ニコラウス・コペルニクスが死の床に横たわっていたとき，彼の著書『天球の回転について』の最初の見本刷りがもたらされました．彼は，この本を出版することによる結果に決して直面することのないように，意図的にその出版を遅らせたのです．この本は，とてもありそうもないこと，つまり地球ではなく，太陽が宇宙の中心であることを提案していました．その本は，天空のなかに現実に存在するものの回転(revolution)に関するものでしたが，それはまた科学革命(Scientific Revolution)と比喩的によばれるようなものの始まりでした．今日，政治的な，あるいはその他の大変動を革命(revolution)というとき，それはコペルニクスに敬意を表しているわけです．つまり，コペルニクスの回転に関するその書物が最初の革命をスタートさせたのです．

コペルニクス以前には，世界についての私たちの見方は古代ギリシアの哲学者や数学者から得たものでして，それはやがて，紀元前4世紀に生き，そして教えたプラトンとアリストテレスの教説のなかで固定化されました．アリストテレスの世界では，すべての物質は4つの元素，つまり土，水，空気，火からできています．それぞれの元素は，あるべき本来の場所 —— 土は水にかこまれて世界の中心に，そして空気と火はそれより上空の球内 —— を持っています．自然運動は，

それらの本来の場所を求める元素の運動から成るものでした．したがって，重い物体，とくに土からなる物体は落下しようとし，泡は水を通り抜けて上昇しようとします．また煙は空気を貫いて上にあがろうとします．その他のすべての運動は強制的なもので，原因としてその物体に接触することが要求されます．例えば，牛車は牛が引っぱらなければ動きません．土，水，空気および火の球の外側では，天体がそれ自身の水晶球上を回転しています．天空の球体は円運動だけが許されていて，それらは静寂で調和しており，また永遠なるものです．ただこの地球上に降りると，そこにだけは変化と死と崩壊があります．それは私たち人間をそのあるべき場所におくように，間違うことなく設計された首尾一貫した世界体系でした．その人間のいる場所は宇宙の中心にあり，そのあらゆる欠点にもかかわらず，人間そのものが神の創造の目的であると容易に想像できるものでした．歴史家と科学者を同じようにからかう劇，トム・ストッパードの『アルカディア』のなかの人物は「アリストテレスの宇宙では，我らはまことに幸せであった．個人的には，そのほうがよかった．神の歯車によって動かされている55個の水晶球は，余にとり十分に満足のいく宇宙の考え方だ」といっています．

しかしながら，アリストテレスの宇宙における静かな天体に対しても，いくつかの問題点がありました．太陽，月，星(そのほとんど)は，それらの運動を十分に忠実に実行していましたが，惑星(これはギリシア語の「さまようもの」とい

う言葉から来るものです）とよばれる数少ない目立つ物体は，行儀正しく振る舞わないのです．どんな夜でも天空に現われるこれらの物体の位置を予言することは，天文学者の職務上の責任でした．その情報は，農業や航海にとって，そして何よりも占星術にどっぷりと浸っていた世界で星占いをするために重要なものだったのです．惑星が地球のまわりを完全な円を描いて回っているという考えは，観測と合いませんでした．しかしプラトンは，天空では円運動だけが可能であるといっていました．そこで天文学者たちは，惑星が，周転円という複数の円周上を動く枠組みをでっちあげたのです．周転円というのは搬送円という地球のまわりを回る円周上に中心をおく円のことです．もし天空の惑星の観測がそれまで考えられてきた搬送円と周転円の体系にうまく合わないときには，もう1つ別の周転円を付け加えることによって，計算をより正確なものにして，予言の精度を改善しました．その作業は「現象の救済」という名で知られていました．

この古代天文学の体系は2世紀に，アレキサンドリアのギリシア人天文学者プトレマイオスにより，『アルマゲスト』という本に集大成されました．その『アルマゲスト』は，コペルニクスの時代までの1400年間，天文学の主要な教科書として生き残ったのです．

コペルニクスは，その著書のなかで，周転円と搬送円からなるややこしい体系は，地球よりも太陽をものごとの中心に置けば（厳密にいうと数学的な便宜上のものとしてそうすれ

ば),かなり簡単化さ
れるということを指摘
しました(図1).それ
が,コペルニクスの本
の最初の章でした.残
りの部分は,太陽を中
心においたときの周転
円と搬送円を用いて計
算された天文学的な数
表で満たされています.
しかし,数学的な便宜
上のものという言葉を

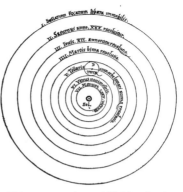

図1 コペルニクスの太陽系観.『天球の回転について』(1543年)より

用いた策略には誰もだまされませんでした.一方,彼の死後,数十年にわたって,コペルニクスに注意をはらうものはほとんどまったくなく,それに注目したわずかの人さえ,この本を読むことを実際に妨害されたのです.この期間,イエズス会の伝道師たちが中国でコペルニクスの体系を教えていたといわれています.その頃,ローマの最高指導者たちは,ニコラウス・コペルニクスよりもマルチン・ルターとの対応に追われていました.それでも,コペルニクスに注目し,注意を払った人が数名おりました.とくに次の3人は,地球中心の宇宙観の打倒へ決定的な役割を果たす運命を担っていたのです.それは,ティコ・ブラーエ,ヨハネス・ケプラー,それからガリレオ・ガリレイの3人でした.

ティコ・ブラーエ(1546-1601年)は,デンマークの貴族で,驚いたことに少年時代にすでに,1560年8月21日の日食のような天空の事象が予測可能であることを知っていました.さらに驚いたことに,1563年8月の木星と土星の合を観測しているとき,天文表(コペルニクスの表をも含めて)が数日間にわたって間違っていることも知っていました.たぶん,正確な天文学的データが欠如していたためでしょう.

法律を学んだ後,ヨーロッパ中を旅行し,また決闘で鼻を失い,それを金,銀と蠟のどれかで代用したりしたあげく,ティコは平民の女と結婚し,また天文学者になるといったことで,デンマークの社会をあきれさせました.彼は,家代々に伝わるある土地に,小さな観測所をつくり,そこで1572年の11月11日,カシオペア座のなかに,これまでなかった光輝く新星を発見しました.永久不変のアリストテレスの天界には,新しい星が出現するなどということは決してないとされていました.彼の著書『新しい星について』は,教会を怒らせましたが,それは彼の評価を確立し,デンマーク王,フレデリック2世の後援をもたらすことになったのです.

フレデリックは,ティコにコペンハーゲンの近くのフヴェン島を与え,これまで見たこともない世界最大の天体観測所を建設するための資金援助をしました.巨大な観測装置——ティコの巨大な赤道儀は直径9フィート(2.7メートル)もあり,彼の四分儀の直径は13フィート(3.9メートル)もありました——が建設されました.それは空前の精度を得るための

ものでした．それと一緒に，そこで生活し働くための立派な邸もつくられ，そこには新しく発見したことを出版するための印刷機も備えてありました．ティコは，その場所を天文学の女神ウラニアにちなんで，ウラニボルグと名づけました．1576 年に始まって，1597 年まで，それは活動しました．それから十数年後の 1610 年に望遠鏡が発明されたことによって，この種の裸眼による天文学の研究は永久に終わりをつげたのでした．それにもかかわらず，この短期間にウラニボルグでなされた観測は，天文表の測定誤差を角度にして 10 分から 2 分に減少させました．（伸ばした腕を肩の高さにあげて，人さし指をみますと，それは約 1 度の角度をカバーします．10 分の角度というのは，それの 6 分の 1 で，2 分というのは，そのまた 5 分の 1 の大きさの角です．）

　1588 年にフレデリック 2 世が亡くなり，その息子のクリスチャン 4 世がその跡を継ぎました．ティコのひっきりなしの贅沢な援助要求は，クリスチャンを怒らせてしまい，1597 年までには，状況はティコが，ウラニボルグを閉鎖し，デンマークを退去せざるをえないと感じるまでに悪化してしまいました．そして，プラハに落ち着いたのでした．そこで彼は，ハンガリーとボヘミアの王で，また神聖ローマ皇帝でもあったルドルフ 2 世の帝室数学者になりました．

　ティコがプラハに向けて出発したときには，もうすでに彼は天文学に永久に忘れられることのない大きな寄与をしていました．しかし，彼はそれだけに満足しませんでした．彼の

前になお横たわっている仕事は、彼の貴重な観測データ(そのほとんどは、まだ秘密でした)を新しい天文学の建設に役立てることでした。しかしそれは、コペルニクスの宇宙でもなければ、より確かなことはプトレマイオスの宇宙でもなく、彼は彼独自の宇宙を工夫していたのです。ティコの世界では、すべての惑星は太陽のまわりを回転し、そしてそれらの惑星を伴った太

図2 40歳のティコ・ブラーエ。彼の著書『復興天文学の機械学』(1602年)の口絵より

陽が地球のまわりを回転し、地球は元のように世界の中心にもどされていました。現代の目から見ますと、ティコの世界はアリストテレスとコペルニクスの中間をとった折衷案のように思えますが、当時としては、ティコの宇宙は、コペルニクスよりももっと大胆なアリストテレスからの逸脱だったのです。なぜかというと、地球または太陽のどっちが中心にあるかに関係なく、天を満たしていると考えられていた水晶球を打ち壊してしまったからです。問題は、ティコの観測データがティコの世界を支持するかどうかです。この問題に答えるには、この帝室数学者のもつ数学的能力をはるかに超える

1 コペルニクスからニュートンまで 17

ものが必要でした．全ヨーロッパで，その必要な能力をもっていた数学者は，たった1人いるかいないかでした．しかし，少なくとも1名はいました．彼の名は，ヨハネス・ケプラーだったのです．

ケプラーは，1571年，持ち場からいちはやく蒸発してしまうお金目当ての傭兵と，意地の悪い宿屋の娘の間の息子として生まれました．その母親は後に魔法をやったりしたのです．背は低く，身体も虚弱で，しかも貧乏だったにもかかわらず，その明敏な知性によって，ケプラーは奨学金を獲得し，チュービンゲン大学への入学が許可されました．そこで彼は，コペルニクス体系のヨーロッパにおけるもっとも早い唱道者の1人のミカエル・メストリンのもとで勉強をしました．ケプラーがそこで学士号と修士号を獲得すると，チュービンゲンの教授団は彼を，ルーテル派の牧師としての経歴から解放して，グラーツのオーストリア人の町で高校の数学を教えるポストに推薦したのです．

伝説によりますと，1595年の夏のある日，ケプラーの身体は退屈な若者たちのクラスで幾何の講義をしていました．しかし，彼の心は，彼の終生の熱情であったコペルニクスの天文学の数表のデータを検索していたのです．正三角形の内側と外側にそれぞれ内接円と外接円を書いていたとき，彼は突然，これらの2つの円の直径の比(外側の円の直径は内側の円の直径の2倍)が，木星と土星の軌道の直径の比に等しいことに気付いたのです．この発見はケプラー自身を軌道に

乗せました．彼はただちに次のような1つの模型を案出しました．それは，そのとき知られていた6個の惑星の軌道を調節している目に見えない6個の球が，昔ながらの5個の「正多面体」（すべての側面が同形の立体，つまり，正4面体，立方体，正8面体，正12面体，正20面体）のどれかと外

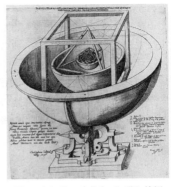

図3 入れ子の立体（いちばん外側は土星球）．ヨハネス・ケプラー『神秘的宇宙』(1596年) より

か内かで接して，入れ子になってうまくはまっている模型でした（図3）．たしかに，5個の正多面体を正しい順序に並べると，それらの球の直径は，惑星の軌道の直径とほとんど同じ比率になるのでした．

ケプラーの模型は，惑星の数がなぜ6個であり，また6個しかないか——なぜなら，正多面体の数は5個であり，5個しかないからです——と，なぜそれらの軌道の大きさの比がそうであるかを説明するものでした．全体の構成が奇跡的にうまく合っていました．ケプラーは創造主の心の中をうかがい見たと考えました．彼がその生涯のうちで，そう思ったのは，このときが最後ではありませんでした．1596年，彼はこの着想を『神秘的宇宙』という本に発表しました．この書

物がティコ・ブラーエの注意をひいたのです．

ティコは，ケプラーのコペルニクス的見解に心をうばわれたわけではなくて，ケプラーの数学的才能に強い印象をうけたのでした．ティコは彼と会うために，ケプラーをプラハに招待しました．ケプラーは，すでにこれまでに練達の占星術家としてかなりの評判を確立していました(疫病，飢饉，それにトルコ軍の侵入などについての彼の予言はかなり当たったことが分かったのです)．しかし，彼の家計はなお不安定でした．それに，ルーテル派の人間として，カソリックのグラーツでは何となく迫害されているように感じていました．1600 年の 1 月 1 日，ヨハネス・ケプラーはデンマークの天文学者とプラハで会うことを決めました．

内気なヨハネス・ケプラーは，粗野で，金属の鼻をつけたティコ・ブラーエとうまくいきませんでしたが，彼らはおたがいに相手を必要としていました．ケプラーは，自身のライフワークを遂行するためにはティコのデータが必要でしたし，ティコのほうは，自分の観測結果を系統立て，ティコの世界像を確立するには，ケプラーの天才を必要としていたのです．1601 年，突然ティコ・ブラーエが急性の泌尿器感染症にかかって死去するまで，この不似合いな組み合わせは，18 か月の間続きました．ケプラーに対する彼の最後の言葉は，「私の生涯が無駄であったと思わせないでくれ」というものだったと報告されています．しかし，熱烈なコペルニクス主義者のケプラーは，ティコの宇宙論を追究する意志をもって

はいませんでした.

ティコの死後,ケプラー*は,どうにかやっとのことでティコの後継者として,帝室数学者に指名されました(ケプラーの生涯は何をしても順調にいったことはありませんでした)が,それは実収のあるものというよりも,むしろ名目的なものにすぎないことが分かりました.しかし,ともかくやっとのことで,ティコの相続人からティコのあの素晴らしいデータを譲り受けることはできたのです.彼はまた占星術の本を出版しました.(彼は他の占星術家たちはみな山師でペテン師であるとみなしていました.しかし彼自身については,人間の運命と天空の情景との間にある種の調和があるという感情をおさえることは,どうしてもできませんでした.)そして,1604年に,珍しい火星と木星と土星の3つの惑星の合を観測している間に,彼は超新星(天空に17か月にわたって見え続けた新星)の出現を見たのです.

* 読者は,どういうわけで,ティコに対してはその名前を使い,ケプラーに対しては姓を使うのかと思っているかもしれませんね(例えばティコの宇宙といい,他方ではケプラーの法則というといった具合に).これに対する明確な答はありません.ヨハネスというのはあまりにもありふれた名ですし,またブラーエという姓は見慣れないからかもしれません.私たちはまた,ガリレオも名前で呼びますが,彼の場合は問題になりません.なぜなら,彼の名前は姓と同じなのですから.

ケプラーの最大の苦心は,彼の「火星との戦い」,つまり,ティコの観測と矛盾しない惑星軌道を見つけるという試みに

ありました．観測データの不確定さが 10 分の角度であれば，火星の軌道を円で合わせることができました．ところが，ティコの大いなる遺産は何か別のものを要求していました．ケプラーは莫大な量の計算をして，まず，ティコの観測がなされた不確定な天空のプラットホームである地球の軌道を，きわめて巧妙な方法を用いて決定しました．その地球の軌道は，中心からほんのちょっとだけずれたところに太陽を置く，1 つの円によって十分にうまく記述できたのです．しかし，火星の軌道はそうはいきませんでした．いろいろやってみたのですが，円ではどうやってもうまくいきません．1609 年に出版した『新天文学』のなかで，ケプラーは彼の探究の跡を表現するために，ローマの詩人ウェルギリウスの次の言葉を引用しています．

　　ガラテアは私を追いかけまわす，
　　私は元気な女の子．
　　彼女は柳の林の中を逃げまわる，
　　私が彼女を最初につかまえるんだ，
　　それが私の希望なのだ．

　コペルニクスの体系では，地球は惑星の 1 つです．変化と死と崩壊の場である地球は，すべての惑星がそうであると考えられたような理想の国ではありません．そうだとしたら，惑星の軌道もプラトン的な円である必要はまったくないのか

もしれません．（以前，この点を把握しそこなったケプラーは，「ああ，ばかげている．私はもうそんなやり方では科学の論文を書いたりはしない」といいました．）火星の軌道は円ではありませんでした．それは，焦点の1つに太陽を置いた楕円（**図4**）だった

図4 焦点の1つに太陽がある楕円（火星の軌道は，この楕円よりもずっと円に近い）

のです（焦点というのは「暖炉」のラテン語（focus）から，ケプラーにより，その目的に沿って採用された言葉です）．

楕円は古代から知られている閉曲線です．パーガのアポロニウス（紀元前262-前190年）は，円錐と平面が交差すると，2つの閉じた曲線，円と楕円，および2つの開いた曲線，放物線と双曲線が得られることを示しました（**図5**）．これらの図形はまとめて，円錐曲線として知られています．それらのうち，とくに楕円は，2つの焦点に止めた画びょうと，その間を結ぶ糸で作図することができます（**図6**）．

この楕円の特別な性質については，第3章でもういちど説明します．

『新天文学』のなかでケプラーは，すべての惑星の軌道は太陽を1つの焦点とする楕円であるといっています．これがケプラーの第1法則，楕円の法則として知られることになった言葉です．彼はまた，惑星はその軌道上の太陽にもっとも

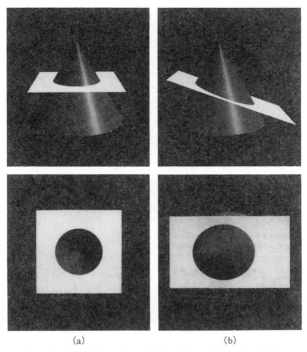

図5 (a) 平面が円錐と交差, 真上から見ると円ができる(下図)
(b) 傾いた平面が円錐と交差, 真上から見ると楕円ができる

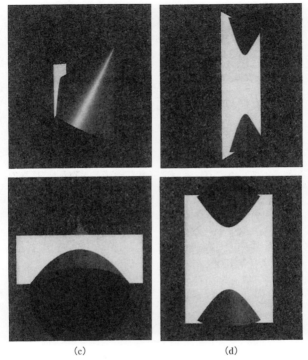

図5 (c) 平面が円錐の反対側の側面に平行に交差．真上から見ると放物線ができている
(d) 平面が拡張された円錐の上下部分と交差．真上から見ると双曲線ができている．他の円錐曲線と違って，双曲線はつねに2つの分枝をもっている

近い部分にあるとき，よ
り速く動き，それが遠い
ところにあるときには，
より遅いともいっていま
す．さらに，この惑星の
スピード・アップとスピ
ード・ダウンは，惑星の

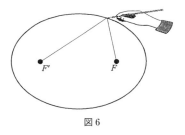

図6

運動に関してもっとも特異な規則性を示すものでした．それは，太陽から惑星に引いた線が，同一時間に同一面積を掃くということです．これは，ケプラーの第2法則として知られるようになりました．それから10年後の1619年に，ケプラーはもう1つの本『世界の調和』を出版しました．このなかで彼は，第3法則について詳しく解説しています．はじめの2つの法則は，それぞれの軌道上の1個の惑星の運動を記述するものです．これに対して第3法則は，すべての惑星の軌道を比較するものです．それは，太陽から遠く離れている惑星ほど，その軌道上をゆっくり動くというものです．とくに，惑星の1年(その軌道を完全に1回転する時間)は，軌道の大きさ(専門的には，楕円の長半軸)の2分の3乗*に比例します．ケプラーの偉大な業績であるこれらの3つの提言をまとめて，惑星の運動に関するケプラーの3法則といいます．
1627年，ケプラーは彼のパトロンのルドルフ2世の名をとった『ルドルフ表』を出版しました(図7)．ティコの精密な観測データとケプラーの3法則を結合したこの天文学の表は，

天文学をそれまでのものよりも百倍も正確なものにしました．

> *(訳者註) 3乗して，その平方根をとるということ．

ちょうど同じ頃，イタリアではガリレオ・ガリレイが『偽金鑑識官』(イル・サジアトーレ)に，「自然の書物はわれわれの目の前にいつでも開かれています(私はこの世界のことをいっているのです)．しかしそれを理解するには，まずそれが書かれている言葉と特性を学んでおかなくてはなりません．それは数学の言葉で書かれており，その特性は幾何学的図形なのです」と書きました．ガリレオは，ケプラーの法則に言及して，それをほめようとはしませんでした．皮肉なことに，彼はケプラーの法則を決して認めようとせず，受け入れようともしませんでした．彼はコペルニクス体系の擁護のために書いてい

図7 『ルドルフ表』(1627年)の口絵．ケプラーによりデザインされたこの精巧な彫版印刷は，ウラニアの寺院に集められた天文学上の巨人たちを描写したものである．その寺院の土台の左側の板にケプラー自身とその4冊の著書のタイトルが描かれている

たのです．1616年，カソリック教会の最高の神学者のロベルト・ベラルミーノ枢機卿は，コペルニクス主義は，「うそで間違っている」と宣言し，コペルニクスの著書を禁書の目録に加えました．ところが，ガリレオの昔からの友人で，その支持者であったウルバン8世が新法王に就任すると，ガリレオは教会が，科学との悲惨な衝突への道から転換することを期待したのです．しかし，彼は成功しませんでした．

ガリレオは，1564年に音楽家ビンセンツィオ・ガリレイの息子として，ピサで生まれました．（当時，トスカナの家庭の間では，最初に生まれた子どもの名として，その家の姓をつけることが流行していました．）ガリレオはピサ大学で医学を学びましたが，お金がなくて，卒業せずに中途退学をしてしまいました．彼は独学で数学を学び，いくつかの小論文を出版し，ピサで数学を教える地位を確保しました．ピサにいる間に，彼は振り子の法則(振り子は，振れの大小にかかわらず，その周期は同じである)と，落体の法則(すべての物体は，その質量の大きさに関係なく，真空中では同一の一定の加速度で落下する)を発見しました．そして，彼はボールと傾けた平面を用いて，一連の力学の実験を行ないました．それは，現在実験科学として知られている科学の発明以外の何ものでもありませんでした．（彼の著書『偽金鑑識官』は通常，英語ではアセイヤー(assayer，分析検査員)と表現されていますが，現代語の「実験主義者」のほうがより正確にガリレオの精神を表わしています．）彼は明らかにその生涯

の早い時期にコペルニクス主義を採用していました．しかし，周囲のあざけりを気づかって，その信念を隠していました．1597年の彼のケプラーへの珍しい手紙の1つ——それはケプラーからの『神秘的宇宙』の寄贈に対する礼状でした——のなかで，彼は「私は真理の探求に当たって，真理の友としての1人の仲間ができて本当に嬉しく思います」と書いています．ここで，頭文字Tをもつ真理(Truth)は偽装でして，これは間違いなくコペルニクスを指したものです．

　しかし，コペルニクスの体系は，アリストテレス主義者や教会のドグマに対する侮辱であったばかりでなく，それはまた常識に対する侮辱であると思われました．愚かな連中はみな，地球はしっかりと静止していることを明確に知ることができると考えていました．もし地球が，コペルニクス主義者の主張するように，地軸のまわりを回転し，空間を突進してゆくのなら，私たちはどうしてその運動を感じることができないのでしょうか．問題のポイントをよりはっきりさせるため，ここで次のような思考実験を考えてみましょう．誰かが，ピサの斜塔の頂上から，何か重いものを落としたとします．私たちがどんな宇宙観をもっていようと，それに関係なく，少なくともその物体が塔の足元にまっすぐに落ちるだろうということでは，皆の意見が一致することでしょう(さし当たり，この塔の有名な傾きは無視します)．ところが，コペルニクス主義者によると，地球は，その物体が落下している間に，その中心軸のまわりで回転しています．仮に重力がその

物体を直接地球の中心に向けて落下させる原因でしたら，その物体はまっすぐに落ち，その間に塔は回ってそれてしまいます．どれだけそれるでしょうか．仮に塔の頂上から落としたとすると，地上に到達するのに約2秒間かかります．地球の大きさと，地球が1日に1回転するという事実が分かれば，その距離を計算するのは難しくはありません．物体が落下している間に，塔は約半マイル(約800メートル)も動いてしまいます．言い換えますと，もしコペルニクスが正しく，地球が毎日1回その軸のまわりを回転するとしたら，ピサの斜塔の頂上から落下した物体は，半マイル離れたところの地面を打つはずです．そんなことがないという事実は，コペルニクス主義に対する決定的な反論を与えるものと思われます．

16世紀におけるコペルニクス主義者にとっての問題は，上のような反論に答えるのが難しかったということだけでなく，もっと悪いことには，それにどう答えたらよいのか，話の糸口がみつからないように思えたことでした．コペルニクスが地球を宇宙の中心からはぎとってしまったとき，彼はまた，すべてのものをまとめていた知的接着剤であったアリストテレス流の力学から，その核心をも引きちぎってしまったのでした．例えば，もし重い物体がその本来の場所を求めるのでなければ，いったいなぜ重い物体は落下するのでしょうか．それに答えるのに，これまでも，そしていまでもそうであるように，物体は重力があるから落ちるというのは，単にミステリーに名前をつけたにすぎません．コペルニクスの信

者にとって，アリストテレス的な世界はすでに廃墟と化していました．しかし，それに代わるものは何もありませんでした．ここにガリレオが直面していたジレンマがあったのです．

この世界が実際にどのようにはたらいているかを発見するために，ガリレオは，実験をしてその結果を，数学を利用して分析するという考えをもっていました．それは，人間の歴史のたどる道を永久に変えてしまうアイディアでした．彼は落下する物体を直接調べることはできませんでした．なぜなら，それらはあまりにも速く落ちすぎ，またよい時計もなかったからです．ガリレオ自身が発見した振り子の等時性を利用した最初の正確な時計が現われたのは，ずっと後のことです．そこで，落下する物体の運動を遅くするために，ゆるやかに傾斜した平面板をつくり，その上をボールが落ちる時間を測ったのです．このとき，平面板は摩擦を最小にするように，できるだけ滑らかに作られていました(熟練した職人によって作られたこれらの装置は，いまでもフィレンツェの科学史博物館に保存されています)．ガリレオは，ボールが転がっている間に経過した時間を正確に測定する考案をいろいろ試みました．それらのうちでいちばんよいものは，一種の水時計でした．ボールが転がる間に，水は第1の容器から第2の容器へ1つの管を通して流れこみます．彼はその管を指を用いて開けたり閉じたりしたのです．それから彼は流れ出した水の重さを測りました．水の重さは経過時間に比例します．彼の実験を現代に再現してみると，彼はこうして，実際

に約1秒の10分の2の精度を得ることができたことが示されました．経過時間のよりよい測定は，20世紀になるまで得られなかったのです．

　この手法を用いて，ガリレオは彼の落体の法則を発見しました．彼は，時間が2倍になると，ボールは4倍遠くに転がることを見つけました．この結果は，傾きをゆるやかにしても，またより険しくしても変わりません．そこで彼は，想像をたくましくして飛躍し，このことは，斜面が垂直になっても，つまり，本当の落体になってもなお正しいと仮定したのです．それに数学的解析を加えて，仮にその距離が時間の2乗に比例するなら，そのことは，運動が一様に加速されていることを意味すると結論したのです．彼はそれを幾何学的議論によって示したのでした．最後に彼は，真空中を落下する物体を想像しました．アリストテレスの力学では，場所とは，そこに何かが存在するところです．何も存在しない場所——真空——を想像するのは，言葉の矛盾，考えようのない論理的矛盾でした．しかし，ガリレオは，少なくともアリストテレス的思考のくびきのいくつかを解き放ち，自由を獲得していたのです．彼は真空の存在を想像し，真空中では落体の加速度は物体の重さにはよらないことを理解していました．つまり，空気の抵抗こそが，より軽い物体をより重い物体よりもゆっくり落下させる原因であることを理解したのです．このことは，彼の落体の法則を完全なものにしました．

　しかしこのことは，なぜ物体がピサの斜塔から半マイル離

れたところに落ちずに、その足元に落ちるのかという問題を説明するものではありませんでした。にもかかわらず、この難題に対する解答もまた、ボールと斜面を用いた実験から得られたのでした。ガリレオは、ボールが平面を転がり落ち、もう1つの別の平面上を登れるようにすると、ボールはそれが出発したときと同じ高さに到達するまで2番

図8 ガリレオの肖像.『偽金鑑識官』(1623年)より

目の平面上を上に向けて転がりつづけることを発見しました。2番目の平面の傾きが1番目の平面よりも険しいときには、ボールの転がる距離は短くなります。そしてその傾きがゆるやかになるほど、ボールは遠くまで転がり、どちらの場合にもボールは、転がり始めたときと同じ高さに到達します。今日では、この振る舞いはエネルギーが保存することの証拠であるとして理解されています。しかしガリレオは、この現象のなかに、何か別のことを見たのです。彼はもういちど想像をたくましくして、「仮に2番目の平面が水平であったとすると、そのボールは決して転がることをやめないだろう」と推論したのでした。なぜなら、このときボールは元の高さに

決して到達しないからです．こうして彼は，水平方向の運動における物体の自然な状態は，その水平方向の運動を永久に保つことであると結論したのです．

この考えは，アリストテレスの哲学からの完全な離脱でした．アリストテレスの哲学では，どんな水平方向の運動にも，その物体に接触している要因が要求されたからです．ガリレオの考えは，最終的には，ニュートンの運動の第1法則，慣性の法則に転換されました．それはまた，ピサの斜塔から落とされた物体に関する難問を解くのに必要なものでした．そして事実，それは私たちがなぜ地球の運動を感知しないのかという，より一般的な疑問を解くのに必要なものでした．地球の表面と，その上のあらゆるものは，みな一緒になって水平運動をしています．それらの自然の状態は，その運動を持続することです．ですから，地球の表面上の観測者にとっては，一緒になって動いているものは，みな静止しているように思えるのです．もしピサの斜塔の実験を本当に静止している人が見たら，塔と物体が，落下の途中でも，水平方向に一緒になって動いているように見えることでしょう．したがって，物体は塔の足元に着地するわけです．

同じ論理が，投射物——例えば砲弾——にも適用されるとガリレオはいいました．砲弾は，火薬の爆発によって与えられたはじめのスピードを，（空気の抵抗を無視すれば）水平方向では維持することでしょう．一方，垂直方向では，その軌道の上昇過程にあるときでも，砲弾には彼の落体の法則が適

用されます．これらの2つのタイプの運動を結合し，彼の数学を活用することにより，ガリレオは，地球表面の近くでのいかなる投射物の軌道も放物線であることを示したのでした．1638年，彼は『新科学対話』のなかで次のように書きました．

「これまで，投射物はある種の曲がった軌道を描くということは観察されてきました．しかしそれが放物線であることは誰も示しませんでした．私は，他のこととともに，それはとるにたりないことでもなく，また知る価値のないことでも

図9 『世界の2大体系，すなわちプトレマイオスとコペルニクスの体系についての4日間にわたる対話』(通称『天文対話』，1632年)のタイトルのページ．この書物でのコペルニクス理論の弁護に対して，ガリレオは告発され，ローマ教会の審問の末，終身幽閉の刑に処せられた．この本は1823年まで禁書目録に残っていた

なく，より重要なことでさえあると思っています．それらは，広大な，かつ決定的な，科学への扉を開くものであることを示そうと思います．」もういちどいいますが，ガリレオは正しかったのです．それは事実，広大かつ決定的な科学でした．重力(ガリレオの落体の法則で表わされるような)と，慣性

(物体が水平方向に一定のスピードで動きつづけるという傾向)を結合すると,地球の表面の近くの軌道として,円錐曲線の1つの放物線の形を生みだすという彼の発見は,後にアイザック・ニュートンが,宇宙はどのように作動しているかを示すのに用いた考え方そのものでした.

図10 ルネ・デカルト

予期された,ガリレオと教会の間のもめごとは——その英雄的な物語は,この本の主題ではありません——科学革命のイタリアからの駆逐という結果をもたらしました.それはイギリスに,アイザック・ニュートンという人物のなかに落ち着いたのでした.しかし,北方への途中で,しばらくの間,フランスに止まりました.そこには,ルネ・デカルトが見いだされます(図10).デカルトは直線というものを理解しました.事実,よく知られているデカルト座標の x-y-z 系というのは,デカルトの名にちなむものです.慣性についてのガリレオの解釈は,水平方向にのみはたらくものでした.しかし,それを地球的な規模に拡大すると,一定のスピードでの水平方向の運動は,地球の中心のまわりの円運動になります.デカルトは,それをまっ

すぐにするのに成功したのです．彼は慣性の法則をニュートンによって用いられた形にしました．つまり，物体に作用する外力がないとき，静止している物体は静止しつづけ，また運動している物体は，一定のスピードで直線上を運動しつづけるのです．

アイザック・ニュートンは，一般には1642年，ガリレオが死んだ年に生まれたと考えられています．あたかも，そのような天才が地上にいることがいつでも要請されているかのように．しかし本当は，私たちの用いている現代のカレンダー，それは当時ガリレオのイタリアで用いられていたものですが，それによりますと，ニュートンは1643年の1月4日に生まれたのです．イギリスでは，ヘンリー8世の婚姻上の（あるいはたぶん，思想上の問題の）もつれのため，法王によるカレンダーの最新の改正がまだ採用されていなくて，その日付はイギリスの1642年の12月25日に当たっていました．いずれにせよ，父親の死後に，早産児として普通ではない関係のもとで出生したのです．彼の父親（もまたアイザック・ニュートンといいます）は，その出生の3か月前に死去していました．そして，この新しいアイザックは虚弱児で，84歳まで生きる運命にあるとは思えませんでした．

アイザックの母親は，彼が大きくなったら，アイザックが11歳ぐらいのときに死んだ彼女の2番目の夫が彼女に残したかなりの遺産を管理して生活することを希望していました．事実，もしアイザックの父親が生きていたら，あるいは彼の

継父がもっと思いやりのある人物でしたら、アイザックは適度に協調性をもった立派な農民になっていたことでしょう。ところが運命はそうではありませんでした。そうではなく、彼は怒りだすと、ときには完全に正常心を失ったようになってしまう人間に育ってしまいました。そして、その生涯の終局の折に、自分は童貞のままであることを告白しています。しかしまた彼は、他の誰もがやらなかったような、人間の歴史を変えた人間でもありました。

1661年、若きアイザックは、ケンブリッジ大学のトリニティー・カレッジに入学を許可されました。そこではいまだにアリストテレスがカリキュラムを支配していましたが、科学革命の風潮も広まっていました。ニュートンは、1665年に学士号をとりましたが、そのとき流行していた腺ペストを避けるために、故郷のリンカーンシャーに逃げ帰りました。ニュートンのもっとも重要な発見の多くは、彼がここで過ごした2年間になされたと考えられていますが、それを世の人が知ったのはずっと後のことでした。

ニュートンの豊富な業績のなかでも、もっとも重要なものは、アリストテレス的世界観に代わる1組の力学原理を定式化したことでした。彼の傑作『プリンキピア』が出版された1687年までに、彼はそれを3つの法則にまとめあげ、それらはたくさんの定義や系によって拡張されています。その第1法則は、ガリレオとデカルトから継承された慣性の原理でした。

《法則1》

すべての物体は，それに加えられた力によってその状態を変えさせられなければ，静止の状態，または一直線上の一様な運動を継続する．

ニュートンの第2法則，これは彼の力学の本当の核心というべきものですが，この法則は，物体に力が作用したとき，その物体がどうなるかを述べています．

《法則2》

運動の変化は，物体に与えた動力に比例し，その力が加えられた直線の方向に起きる．

『プリンキピア』のはじめのほうで，ニュートンは運動の量を，速度(すなわち，スピードとその方向)と物体の量の積(あるいはもっと正確には，現代の物理学者が運動量とよんでいるもの)で定義しました．ニュートンの死後，ずっと後になって，彼の第2法則は，$F=ma$(力は質量掛ける加速度に等しい)という方程式にまとめられるようになりました．しかし，ニュートンは，決してこのようには表現しませんでした．

ニュートンの第3法則は，作用・反作用の法則とよばれています．

《法則3》

どんな作用に対しても，つねに同じ大きさの反作用が反対向きにはたらく．あるいは，2個の物体間の相互作用の大きさはつねに等しく，それぞれの物体に反対向きにはたらく．

第3法則は，惑星運動の問題の内部に含まれている，面倒な問題の種を除去するのに役立っています．惑星は(地球をも含めて)，巨大で複雑な物体であり，それらの内部の各部分にはたがいに力が作用しています．ニュートンの第3法則によりますと，これらの力は，その力の性質に関係なく，みなたがいに相殺してしまいます．つまり，1つの惑星の内部の1つの小片から第2の小片に作用する力はすべて，第2の小片から第1の小片に作用する大きさが等しく反対向きの力と正確に均衡し，正味の結果としては，惑星が大きさをもつということは，太陽のまわりの軌道の計算に当たっては完全に無視してよいということになります．惑星は，あたかもその質量が，その中心にある幾何学的な点に集中したように振る舞うのです．

　第3法則はまた，惑星に及ぼす太陽からの力と大きさが等しく反対向きの力を，惑星から太陽にも与えます．このことがもたらすかもしれない困難を避けるために，ニュートンはその証明のなかで，太陽ではなく「不動の中心」という言葉を用いています．しかし事実上は，太陽は非常に重いので，惑星からの重力による引力によって，太陽はほとんど影響を受けないと，ニュートンは正しくも仮定しています．この第3法則は，後に物理学の他の分野できわめて重要な役割を果たすことが証明されました．それは，運動量，角運動量およびエネルギーの保存則が成立する原因となっています．しかし惑星運動の問題では，その主な効能は，すべての効果が無

視できるという点にあります．

ニュートンの3つの法則は，アリストテレスの力学における「自然運動」と「強制運動」におきかえられる力学原理です．すべての力とすべての物体に適用されるこれらの法則に加えて，ニュートンは，太陽と惑星，あるいは惑星と月，あるいは実際には，宇宙に存在する任意の2つの小物体間に作用する特別な性質をもつ力を追加しました．これが重力(万有引力)です．ご承知のように，彼はこの重力の性質を導くのにケプラーの第2法則と第3法則を利用しました．そのあとでニュートンは，彼の3つの法則と重力を組み合わせると，惑星の楕円軌道が生じることを証明したのです．

アイザック・ニュートンは，微分法と積分法を発明しました．彼がこれらの強力な解析的道具をその偉大な発見に利用したことは疑いの余地はありません．しかしながら，彼が『プリンキピア』を書いたとき，彼はその計算法をまだ発表していませんでした．(このことが後に，同じ数学的発見を独立に行なったドイツの哲学者で数学者でもあったゴットフリート・ライプニッツとの不愉快な抗争の原因となったのでした．)『プリンキピア』は，古典的なラテン語とユークリッド幾何学の形で表現されています．その理由は明らかです．ニュートンは，彼の同時代人に理解できる言葉で，彼らに話さなければならなかったのです．この表現法には，もう1つ利点があったかもしれません．それはずっと後に，リチャード・ファインマン(科学的なことは別にして，歴史上かつて

ないほど, ニュートンとは別種の人間)に, 楕円軌道の法則の彼独自の純粋に幾何学的な証明を発明するに十分な好奇心を起こさせたという点です. 彼は, この問題についての講義(本書の第4章)のなかで次のようにいっています. 「物事を発見するのに幾何学的方法を用いるのは容易なことではない. しかし, 発見したあとでの論証の優美さはまことに大きなものがある」と.

図11 アイザック・ニュートン. サー・ピーター・レリーによる肖像画にもとづく B. リーディングの彫版 (1799年)

アイザック・ニュートンの有名な言葉として, 次の言葉がよく引用されます. 「もし私がより遠くを見渡せたとするなら, それは何人かの巨人たちの肩の上に立ったからです.」その巨人たちというのは, コペルニクス, ブラーエ, ケプラー, ガリレオ, そしてデカルトでした.

ニュートン以前には, アリストテレス的世界像の崩壊がもたらしたのは, 騒々しい混乱だけでした. その世界像に代わるまったく別の考え方へのヒントが必要だったのです. ニュートンのいう巨人たちのそれぞれは, 建物の材料の断片, あ

るいはいくつかの足場を用意したもので，その最終的な構造や設計図を見ることはできませんでした(デカルトはそれを見たと思ったのですが，彼は間違っていたのです).その後でニュートンがやってきました.すると突然，アリストテレスのときのように，再び世界は秩序立ち，予測可能となり，理解可能になったのです.ニュートンは，世界がどうはたらいているかを描き出しました.彼のケプラーの楕円の法則の論証は，ケプラーが正しかったという証拠でもありました.間もなく，私たちは私たち自身のやり方で楕円の法則の証明をします.それは，それを最初に証明したニュートンのやり方ではなく，それからほとんど300年もの後に，リチャード・ファインマンがやった証明です.

そこでまず，そのリチャード・ファインマンその人を見てみましょう.

2
ファインマン
―― 1つの回想

1965年，リチャード・ファインマンが量子電磁力学の研究に対して，ジュリアン・シュウィンガーおよび朝永振一郎とともにノーベル物理学賞を授与されたときには，彼は一般人には知られていませんでした．しかし，物理学者の間ではすでに伝説的なヒーローでした．その頃，この本の著者たちは，2人ともシアトルのワシントン大学の大学院生でした．そこは美しいキャンパスでしたが，知的世界の中心からは遠く離れているように思えました．それでも私（デイビッド）が，1966年のはじめ，私にとっての最初の仕事を真剣にさがしはじめたとき，カルテクでは低温物理学の実験的研究が開始されました．私はパサデナに来て，一度セミナーをやるように招かれたのです．

それは，低温物理学の分野でのわくわくするような時期でした．低温物理学というのは，到達不能な絶対零度のすぐ上の温度で物質の示す性質を研究する学問ですが，単なるテクニックの集まりといったものではなくて，首尾一貫した学問の一領域でした．なぜならそれは，長年にわたって未解決であった2つの中心的課題，超流動と超伝導のまわりに組織されてきたものだったからです．超流動というのは，絶対零度から2度の範囲内の温度で，液体ヘリウムがまったく抵抗を示さずに流れるという不思議な現象です．超伝導は，多くの金属が似たような低温で電気抵抗なしで電流を伝えるという，

超流動と類似した現象のことです．これらの現象の本質は，何十年間にもわたって解明されませんでした．ところが1950年代にはいると，両方の問題の突破口が開かれました．それには，少なからずファインマンの寄与がありました．それにつづいて，これらの2つの領域での非常に独創的で密度の高い時期がきました．例えば，超伝導現象の解明に伴って，量子力学的な効果を利用して設計された電気回路を考えることが可能になったのです．これらのうちでもっとも将来性のあるのは，カルテクの博士号をもつジェームス・マーサルーの実験に基づくものでした．彼は，物理では広くスクイド(SQUID)として知られている超伝導量子干渉計を開発しました．

ファインマンは熱心にマーサルーの実験を追試していました．そして事実，そのころ，カルテクの低温物理の実験室でよく彼の姿を見つけることができたのです．それは，そこで実施されている実験への彼の深い興味のためでもありましたが，その低温グループにとても魅力的な秘書(彼女は後に，マーサルー夫人になりました)がいたからです．

そのような環境のなかで，シアトルの霧雨からパサデナの陽光へとび出し，そこの低温物理学のグループに対してセミナーをするという誘いは，私にとって抵抗しがたい提案でした．そのうえカルテクは，いくつかの策略をひそかに準備していました．カルテクの低温物理の実験を強化しようとしていたマーサルーは，彼自身が私を空港まで出迎えて，カルテ

クでの登録をすませるまえに，昼食をとる気があるかどうかと私にたずねたのです．そこで，ディック・ファインマン（ディックはリチャードの愛称）と会うように準備してあるというのです．私は，ファインマンとマーサルーとの昼食を，パサデナのトップレス・レストランでとりました．そこは，その当時のファインマンのお気に入りの穴場でした．そのときのカルチャー・ショックについてただ1つ憶えていることは，「シアトルの誰も信じようとはしないだろう」と心の中で繰り返し思ったことだけです．私がセミナーをやることになっている時間までには，私はショックから十分に回復していました．そうして数か月の後には，私はカルテクに滞在することになっていたのです．

リチャード・ファインマンは，1918年5月11日，ルシール・ファインマンとメルヴィル・ファインマンの間に生まれました．彼がもち，磨きあげてさえいた力強い下町風のアクセントは，彼の生涯を通して，聴く人の多くに，彼がブルックリンっ子であることをにおわせていました．しかし本当は，クイーンズのなかの静かな地区ファー・ロッカウェイに生まれ育ったのです．後年，彼が尊敬していた彼のお父さんは，あまり裕福ではありませんでしたが，若きリチャードのほうは早くから神童と認められていて，それで彼はMIT（マサチューセッツ工科大学の略称）にいくように手はずが整えられた．彼はそこで1939年に理学士の学位をとり，そのあと，博士号をとるために，プリンストンに行きました．プリンス

トン大学での学位の指導者は，ジョン・アーチボルト・ホイーラーで，彼はそこで最小作用の原理の量子力学への適用に関する研究をしました．彼のこの学位論文は，彼のその後のいちばん重要な業績の土台をつくる仕事となったのです．

プリンストンでの大学院生としての日々の間に，ファインマンは，アルバート・アインシュタインと1回，たった一度だけ出くわしたことがありました．アインシュタインは，大学とは完全に分離した施設のプリンストン高等研究所にいました．それでも，研究所のメンバーと大学の物理学科のメンバーとは，しばしばお互いのセミナーに出席していました．

ある日，大学院生のリチャード・ファインマンが，彼のはじめてのセミナーを開くと告示されました．それは，彼のはじめてのセミナーであっただけでなく，彼とホイーラーとが研究してきたびっくりするようなアイディア——電子は未来に向けても，過去に向けても動くことができるという考え——を発表し，それに対する反論に答えるということになっていたのです．このとき，アインシュタインとそのときたまたまプリンストンを訪れていたたくさんの有名な物理学者がこのセミナーに出席するという知らせが広まりました．

考えられないほどあがってしまった若いファインマンは，恒例のセミナーのまえのお茶の会をすっぽかして，その代わりにセミナー室に行き，黒板を方程式でうめて自分の話の準備をしていました．ちょうどそのとき，誰かが彼をじっと見つめているのに気づきました．彼が振り返ると，入口にアイ

ンシュタインがいるのが見えました．2人の大物理学者は，しばらくの間，おたがいに相手を見つめていました．それから，彼らの間でのたった一度だけの私的な言葉の交換がなされました．アインシュタインは言いました．「お若い方，お茶のサービスはどこですか．」何年も後に，ファインマンは，自分がどう答えたかさっぱり憶えていないと言っておりました．

まだプリンストンにいる間に，ファインマンは，彼の夢の少女アーリーン・グリーンバウムと結婚しました．1942年に彼が博士号をとった頃は，国は戦時下にありました．若いカップルは，ニュー・メキシコのロス・アラモスに向けて出発しました．そこでは，原子爆弾をつくる極秘の計画が組織されつつありました．ファインマンは，ハンス・ベーテの指導の下にあるロス・アラモスの理論部に所属しました．ハンス・ベーテは，太陽や星がその内部の核燃料をどうやって燃やすかを解明した大理論家です．すでに肺結核で余命がいくばくもなかったアーリーンは，アルバカーキーの病院に入院しました．

ロス・アラモスでの日々の間に，ファインマンは，ベーテ，エンリコ・フェルミおよびジョン・フォン・ノイマンを含む彼の時代の知的巨人たちと対等に競い合うことができることが分かってきました．それと同時に，後に彼の伝説の一部になる特異な性格もまた表面化されました．彼は持ち前のいたずら好きを発揮したのです．簡単なトリックを使った金庫破

りの話，人をからかったメモを金庫の中に置いておく話，奥さんと交換する手紙をジクソー・パズルのように切り刻んで，検閲官がそれを再構成するのに長時間を費やさせた話など．

それからだいぶ後になって，ファインマンは，ロス・アラモス計画の特許局の役人と昼食をとりました．この計画のあらゆることが，その存在自体をも含めて，すべてが完全に秘密でした．その役人の仕事は，出てくるすべての新発明の特許権——たぶん，それらの使用権を政府が保持するために——を取得することでした．ところが，その役人にとっての驚きは，科学者たちがそんな時間はほとんどなく，また特許権を求めようなんて気がほとんどないことでした．役人は，ファインマンに訴えました．「おい，あんたらはいままったく新しい世界を創っているんだぞ．それを利用して何か新しいものを作れるはずだ！」ファインマンはしばらく考えて，当てずっぽうに言いました．例えば原子力潜水艦とか，原子力航空機ができる．

この無責任な昼食のあとのある朝，ファインマンは，彼の机の上に，彼の署名を待つ「原子力潜水艦」と「原子力航空機」の特許申請用の一そろいの書類を発見しました．これが，ファインマンが原子力潜水艦の特許をもつことになった理由です．軍事用としてはきわめて重要な発明ですが，商業的価値はほとんどまったくありません．何年も後のことですが，ヒューズ航空機会社が原子力航空機を開発しようとしたとき，ファインマンがその特許権をもっていたので，彼に副社長の

地位を提供したのです(もちろん,彼はすぐに断わりましたが).いずれにしても,ロス・アラモスで働いていた人たちが署名した特許に関する合意により,ファインマンは,それぞれの特許に対して1ドルをもらう権利を与えられました.彼がその2ドルを要求しますと,そのための基金が用意されていなかったことがわかりました.そこで特許局の役人は,彼自身のポケットからそのお金を払わざるをえませんでした.ファインマンはそのお金を使って,売店でオレンジとチョコレートを買い,理論部の人みんなに分けたのでした.

　1945年,アーリーンはアルバカーキーの病院で亡くなりました.ファインマンはずっとあとで,『困ります,ファインマンさん』のなかで感動的に次のように書いています.彼女のベッド・サイドに行くために,同室の友人の車を借りたファインマンがロス・アラモスに帰ってきたとき,彼はあまりにも落胆してしまって,奥さんの死について話すことはできませんでした.彼の同室の友人は,2人が何人かの友人たちと静かな夜を過ごせるよう手配しました.その友人たちには何も告げられませんでした.何年もあとになっても,ファインマンは,その夜のことを驚くほどはっきり憶えていました.その他の彼の頭の中の巨大な秘密についての記憶はぼんやりしているのに.彼の同室の友人の名はクラウス・フュークスでした.彼は彼自身のいくつかの秘密をもっていました.そして後に,ソビエト連邦のスパイとして有罪になったのでした.

2 ファインマン——1つの回想　51

　戦後，ファインマンはハンス・ベーテによばれて，コーネル大学での地位を受けいれました．そこで彼は，光と物質の間の相互作用の量子力学的記述の問題にその関心を移しました．シュウィンガーと朝永もまた，その問題に対する同じ内容の解答を独立に開発し，この仕事で彼らとノーベル賞を分けあいましたが，ファインマンの研究のほうがより独創的なものでした．彼のやり方は，ジェームス・クラーク・マクスウェルの電磁場を捨てて，それを粒子間の相互作用におきかえるもので，それらの粒子は，彼の博士論文で示唆されているように，最小作用の原理によって規定される確率を与えられたすべての可能な経路をとるというものでした．（第3章で，このやり方の反映を見ることでしょう．そこでファインマンは，楕円の法則の彼の幾何学的証明の一部で，一種の最小作用の原理を利用しています．）彼はまた，図形表現を用いることによって，彼の研究で要求される複雑な計算の道すじをたどれる方法を発明しました．これらの表現は，広くファインマン・ダイアグラムとして知られるようになったのです．ファインマンの仕事は，帰するところ，量子力学そのものの再構成以外の何ものでもありませんでした．しかし，彼の図形を用いる方法は，理論物理学の多くの領域で広く利用されています．

　1950年に，ファインマンはコーネル大学を去って，カリフォルニア工科大学に移りました．そこで，ブラジルでの1年間(1951-1952年)は別として，彼の残りの全経歴を過ごす

ことになったのです．カルテクでの彼の関心は，液体ヘリウムの超流動の問題に転じました．ロシアの理論物理学者レフ・ランダウは，抵抗なしに流れる超流体ヘリウムのもつこの能力は，その液体がその周囲のものから，ある非常に限られたやり方でしか，そのエネルギーを獲得することができないことによるものであることを示していました．ファインマンは，ランダウのこの考えを，量子力学的な根拠のもとで解明することに成功したのです．ファインマン・ダイアグラムは，後にこの領域での重要な研究道具になりましたが，彼はこの問題を解くのにそれを利用しませんでした．そうでなく，彼は，量子力学の旧式のシュレーディンガーのやり方に逆もどりし，彼のもつ目覚しい直観力を用いて，巨視的体系の性質を推論したのでした．

ファインマンの私的ノートによると，この時期，彼はまた超流動とふたり連れの超伝導の問題を一所懸命になって解こうとしていたことが分かります．この問題は，ファインマンの才能に理想的に合った問題のように思えたのです．超流動の場合と同様に，その解はエネルギー・ギャップをもつと考えられました．そのギャップのおかげで，電流がその周囲から吸収されるエネルギーに制限を生じるからです．そのうえ，そのギャップは金属中の電子と音波，または音の量子との相互作用の結果として生じると考えられました．問題のその部分は，電子と光の波の間の相互作用にきわめて類似していて，それはファインマンの量子電磁力学の基礎でもあったのです．

したがって，(超流動のときとは違って)ファインマン・ダイアグラムの技法がこの仕事に完全に適合しているように思えました．もちろんファインマンはその技法の最高の名人だったわけです．ところが，ファインマンの最大の競争相手のジョン・バーディーン，レオン・クーパーとJ.ロバート・シュリーファーは，この方法ではまったく見込みのないことを，鋭敏にも見抜いていたのです．ファインマンのその強力な方法が，必然的に彼を失敗の方向に導いてしまったのでした．そして，1957年の初期に，この問題の劇的な解法を発見したのは，バーディーン，クーパーおよびシュリーファーでした．彼らはその業績により，ノーベル賞を獲得しました．なかでもバーディーンにとっては，それは2度目の受賞でした（最初の受賞は，1956年のウィリアム・ショックレーとウォルター・ブラッテンとともにトランジスタに対するものでした）．

超伝導は，ファインマンが挑戦して失敗した唯一の問題ではありませんでした．彼の一生涯にわたって取り組んだ土俵は，実験生物学，統計力学，マヤの象形文字，計算機の物理といったもので，それには成功したものも不成功に終ったものもありました．彼は完全に自信のもてない結果を宣伝したり公表したり，あるいは優れたライバルの業績を盗むようなことをするのを極端に嫌いました．そのため，彼の論文目録は長いものではありませんでしたが，それらのほとんどはまったく間違っていませんでした．

カルテクに来てから間もなくして、ファインマンはマレー・ゲルマンと仲間になりました(図12)．ゲルマンは後に、物質を構成する素粒子の性質の対称性をあばき出すことによって、ノーベル賞(1969年)を獲得する

図12　ファインマンとゲルマン，1959年

ことになります．ファインマンとゲルマンがいることによって、カルテクは、理論物理の世界の中心となりました．1958年には、彼らは協力して、「フェルミ相互作用の理論」と題する論文を発表しました．それは、ある種の原子核の崩壊を支配する力、つまり後に弱い相互作用として知られることになるものを説明する理論でした．そのときファインマンとゲルマンは、彼らの理論が実験と矛盾していることに気付いていましたが、それでも彼らはそれを公刊するのに十分な確信をもっていました．その後、実験のほうが間違っていたことが分かりました．結局、理論のほうが正しかったのです．

またこの時期に、ファインマンはゲルマンとジョージ・ツバイクの仕事に寄与しました．ツバイクはカルテクのもうひとりの理論物理の教授で、物質の本質に関する現在の考えの中心となっているクォークの理論をつくった人です．

1952年，ファインマンは，装飾美術史の講師，メアリー・ルイーズ・ベルと結婚しましたが，1956年に離婚しました．彼は，1960年9月24日に，グウェネス・ハワーズと3回目の，そして最後の結婚をしました．息子のカールは，1962年に生まれ，また1968年にはミシェルを養女にしました．ファインマンは——同僚の間ではよく知られていたことですが——世の一般の人たちとの交流を深めていました．たとえば，トップレス・バーでヌード女性をスケッチしたり，ぼんやりと時を過ごすことでした．しかし，彼の私生活は，お固い型通りの中産階級のもので，カルテクのキャンパスから遠くないサン・ガブリエル山脈の麓のアルタデナの居心地のよい家でその生涯を過ごしたのです．

1961年には，ファインマンは全科学界に遠大な影響を及ぼすことになる企画を引き受けました．彼は入学してくるすべての学生に要求される2年間にわたる物理の入門コースを教えることに同意したのです．彼の講義は録音，筆記され，また彼が方程式やスケッチでうめた黒板は写真に撮られました(図13)．この材料から，彼の仲間のロバート・レイトンとマシュー・サンズは，ローカス・フォグト，ゲリー・ノイゲバウアーの援助を受けて，『ファインマン物理学』とよばれるシリーズ本をつくり出しました．これらの本は，科学文献としてまぎれもない永久的な古典となりました．

ファインマンは，本当に偉大な教師でした．彼は初めて学ぶ学生たちに，どんな深遠な考えでも説明する方法を工夫で

図13 (a)「私は金庫をすぐに開けたいとは思わなかった．それでしばらくぶらぶらしていた．」カルテクの学生たちに，ロス・アラモスでどうやって金庫破りをしたかを話しているファインマン，1964年

(b) ファインマンとレイトン，1962年

(c) 黒板でのファインマン，1961年

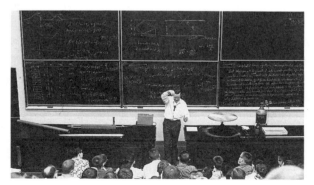

(d) 波の動作をするファインマン，1962年

きることを誇りとしていました．かつて私は彼に言ったことがあります．

「ディック，なぜスピン 1/2 の粒子がフェルミ－ディラック統計にしたがうのか，その理由を私にも分かるように説明してくれ」

と．すると彼は，聞き手を品定めして言いました．

「その問題について，新入生のための講義を準備するつもりだ．」

しかし数日後にもどってきて，

「私にはそれができなかった．私は，それを新入生のレベルにもってゆけなかった．そのことは，私たちがそれを本当には理解していないということだ」

と言ったのでした．

ファインマンは，『ファインマン物理学』の講義を，1961年度から1962年度のカルテクの新入生に，そして1962年度から1963年度には，2年生になった同じ学生たちに対して実施しました．彼が選び出した話題は，まことに広汎なものであり，また水の流れを記述するのにも，曲がった時空を議論するのにも，まったく同じように独創的なエネルギーをそそいだのです．この入門的な課程で彼がとりあげたすべての課程のなかでも，彼にとってもっとも印象的だった仕事は，たぶん，量子力学(シリーズの第Ⅲ巻，邦訳では第Ⅴ巻)だったと思います．通常の量子力学の形式を少し変えただけなのですが，それは彼自身が展開した量子力学の新しい考え方

でした．

　ファインマンが教室で注視の的の役者を演じていた1961年度から1963年度の期間は，彼が正規に学部学生を教えた唯一の機会でした．彼の教員生活の残りは，後にも先にも大学院生に対して用意された課程だけでした．この本の主題となった講義は，正規の課程の一部ではなく，それはむしろ，新入生に対する「特別講義」といったもので，1964年の冬学期の終わりに行なわれたものでした．それまで，その物理の入門的講義は，ローカス・フォグトが受け持っていました．そして，その学生たちのお楽しみ番組としてファインマンを招待したのです．『ファインマン物理学』は，入門的な教科書としては，決して成功したとはいえませんでした．それが生まれたカルテクにおいてさえそうでした．それはむしろ，通常のやり方で物理を学び，もう一人前になっている科学者に対して，洞察力とインスピレーションを永続的に与えるものでした．

　1965年のノーベル賞受賞の直接の余波で，ファインマンはしばらくの間スランプに陥りました．その期間，彼は理論物理学の第一線に立って，有用で独創的な貢献を与えつづける能力が，自分にはもう残っていないのではないかと疑ったのです．この間に私は，カルテクの一員になったのでした．そのときには，ファインマン物理の課程は，ゲリー・ノイゲバウアーが教えていました．ファインマン自身が講義を担当していたときには，ゲリーは若い助教授として，約200人も

の学生のための宿題を出すという困難な仕事をしていました．本当に困難な仕事でした．なぜなら，誰も，ファインマン自身でさえ，自分がこれから何を話すのか，あらかじめ正確には分かっていないのですから．この本の「失われた講義」をしたちょうどそのとき，ファインマンは1枚か2枚の走り書きをしたメモしか用意しないで，教室にはいっていったのです．ノイゲバウアーは，自分の仕事をいく分でも軽くしようとして，それぞれの講義のあとの昼食のとき，カルテクのキャフェテリヤで，ファインマン，レイトンとサンズに会いました．そのキャフェテリヤは「グリーシー」という名で学生たちに知られていました．カルテクの上等な職員クラブの「アテニューム」は，ファインマンの趣味には合わなかったのです．この昼食の間に，講義の内容の検討をすることになっていたのですが，レイトンとサンズは，ファインマンとゲームの点数を競っていました．ところがノイゲバウアーのほうは，講義の要点を理解しようと懸命になっていたのでした．

さて，1966年にはノイゲバウアーがその講義をやっていました．そして私は，T. A.(教育助手)をやらされて，講義の主課程を補足する小さな授業の1つを担当していました．そのときにもまだ，グリーシーでの例の昼食会は続いていて，ファインマンも出席していました．ここで，物理教育の方法について彼と意見を交換することにより，私ははじめて本当に彼を知ることができたのです．その秋，彼は，次の2月に公開講義をするよう，シカゴ大学から招待を受けました．は

じめ彼は(ほとんど毎日話をするという招待なので)断わろうとしました．ところが彼は，私が彼と同行するのを承諾するなら招待を受諾する，そして，私たちの教育に関する話をするというのです．彼のいうのには，シカゴ大学が提供するばかげた巨額の謝礼金(1000ドル)の中から私の旅費を払うというわけです．私はうんと慎重に100万分の1秒も考えて，行くことに同意しました．私が同行して，彼がシカゴ大学で話をしたとき，シカゴ大学の人たちは，私が誰なのか，私がなぜ必要なのか，まことに不思議に思ったに違いありません．ところが彼らは，私を快く招き，おまけに旅費まで払ってくれたのです．

シカゴでは，ファインマンと私は，大学の職員クラブのクアドラングル・クラブの続き部屋に泊りました．彼の話のあとの夕方，友人のバル・テレグリとリア・テレグリの家で夕食をとりました．次の朝，私は朝食をとるために，ちょっと遅れて，職員クラブの食堂にきょろきょろしながら下りて行きました．ファインマンはもうすでにそこにいて，誰か私の知らない人と食事をしていました．私は彼らのところに行き，紹介されたのですが，口をもぐもぐしながら言われてよく聞こえませんでした．私は居眠りをしながら朝のコーヒーを飲んでいました．彼らの会話に耳をすませているうちに，その人は，フランシス・クリックとのDNAの二重らせん構造の共同発見者のジェームス・ワトソンであることが分かってきました．彼は『正直なジム』と題するタイプした原稿(この

タイトルは，後に出版社によって『二重らせん』と変えられました）をもっていました．彼は，（ファインマンが彼の本のカバーに何か書いてくれることを期待して）ファインマンがそれを読んでくれることを希望していたのです．ファインマンはその原稿を見ることを承知しました．

その夜，ファインマンに敬意を表して，クアドラングル・クラブでカクテル・パーティとディナーがありました．そのカクテル・パーティで，当惑顔の主人役が私に，「どうしてファインマン先生はお出にならないのですか」とたずねたのです．私は続き部屋に上って行きました．すると，ワトソンの原稿に夢中になっているファインマンを見つけました．私は，彼が主客なのだから，パーティに下りてこなければいけないと力説しました．彼は渋々そうしましたが，ディナーが終ると，礼儀の許すかぎりの早い時間に逃亡してしまいました．パーティの終了後，私はその続き部屋にもどりました．するとファインマンは，居間で私を待っていました．「君もこの本を読まないといけない」と彼は言いました．「もちろん，私もそれを楽しみにしています」と私は答えました．

「いや，いますぐにだ」と彼は言い返しました．それで私は，その居間に座って，早朝の1時から5時までかかって，後に『二重らせん』という本になる原稿を読んだのです．その間，ファインマンは，辛抱づよく，私が読み終るのを待っていました．あるところまで来たとき，私は顔をあげて言いました．

「ディック，この男は非常に頭がよいか，あるいは非常に幸運だったかのどちらかに違いない．彼は，この研究領域で何が進行中であるかを，他の誰よりも少ししか知らなかったと絶えず主張している．それなのに，決定的な発見をしたのだ．」

ファインマンは，部屋の中を跳び越えてきて，便せんを私に示しました．それは，私が読んでいる間に，熱心にいたずら書きをしていたものです．そこにはたった1語だけ書いてありました．それは，あたかも手のこんだ中世の文書を書くかのように，鉛筆の線で飾り立ててありました．その言葉は「無視」でした．

「自分が忘れていたのは，そのことだ．お前はお前さん自身の仕事に心をくだけ，他人が何をしていようと，そんなことは無視しろ」

と，彼は(真夜中に)叫びました．夜が明けるとすぐに，奥さんのグウェネスに電話をして言いました．

「分かったようだ．もういちど働けると思う」

1960年代の終わりには，ファインマンは活動を再開し，次の10年間かそれ以上にわたって，彼の関心を占めた問題に心をくだいたのです．中性子や陽子のような重い粒子の超高エネルギーでの衝突は，それらの内部のパート間の相互作用で完全に記述できる．これが「パートン」理論で，その内部のパートというのは，彼の研究仲間のマレー・ゲルマンとジョージ・ツバイクがずっと前に提案していたクォークでし

た．これに，後にグルオンとして知られる粒子が追加されることになります．グルオンと呼ばれるのは，その役割がクォークを「のり」(glue)づけることだからです．この模型は，粒子の高エネルギー加速器による実験結果の予測に見事な成功をおさめました．そのおかげで，クォーク理論は，そのクォークを陽子や中性子のなかから別々に分離して取り出すことが不可能であることが証明されているにもかかわらず，物理学者の間で広く受けいれられるようになったのです．

　ファインマンのユーモアのセンスは，他の何ものにもまして特異なものでした．1974年，物理学界は新粒子が —— スタンフォードの線形加速器(SLAC)と，ロングアイランドのブルックヘブン国立研究所で —— ほとんど同時に発見されたことに耳をそばだてました．その粒子は，ブルックヘブン・グループによりJ粒子，またSLACグループによりψ(プサイ)粒子と名づけられました．それですぐに，J/ψ粒子として知られることになったのです．これは「共鳴」という —— 加速器ビームのエネルギーに対する検出器の信号の強さを表わす図での —— 2個の非常に狭いピークの形で発見されました．加速器ビームの他のすべてのエネルギー値に対しては，検出器は無意味な低レベルのバックグラウンド・ノイズを記録するだけでした．そのとき私は，カルテクの物理学科のコロキウム委員会の主任でした．私がファインマンの友人であることはよく知られていたので，委員会は，この驚くべき新発見のもつ物理的意味を，ディックがコロキウム（研究討論

会のこと)で解説してくれるかどうかを，私に聞いてくれるように説得したのです．ファインマンはただちに承知し，彼が話そうと思っていることのあらましを私に話してくれました．私たちは，もっとも早い可能な日付，1975年1月16日を鉛筆でさし示し，そう決まりました．コロキウム・カレンダーにその日付を記入すると，私はもう決まったこととして忘れてしまいました．

その約束の日の3週間前のクリスマス休暇中に，週刊「カルテク・カレンダー」の編集者から電話で呼び出されました．ファインマン教授のコロキウムの題目が，そのカレンダーの発行のためすぐに必要だというのです．そのときファインマンは，バハ・カリフォルニアの家族用の別荘に行っていて留守でした．そこには，意図的に電話が引いてないのです．私は大問題をかかえることになってしまいました．

私は，ファインマンの話の題名をでっちあげました．それは「2つの狭い共鳴の広汎な理論的背景」というものでした．物理学者にとっては，それは穏当な言葉でしたが，他の人にとっては理解不可能でした．しかしそれは，ファインマンが話そうと計画していることを正確に表わしています．私は共通の友人，ジョン・マシューズを呼び，彼の助言を求めました．ジョンは私の題名を聞いたとたんに笑い出しましたが，すぐに真面目な顔にもどって言いました．「そんなことはするな．ディックは，他のすべてのことについてはびっくりするようなユーモアのセンスをもっているけれど，物理に関し

ては，まったくユーモアのセンスをもっていないのだから」と．

しかし私は，私のつけた題名が本当に気に入っていました．それなのに，ジョンは笑ったのです．私はそれをカレンダーの編集者に電話で知らせ，すぐに全部忘れてしまいました．

ファインマンのコロキウムは，新年になってから，第2回目にやることになっていました．その前のコロキウムの日——1月9日の木曜日——に，4時45分のお茶にみんなが集まったとき，私は休暇以来はじめてファインマンを見ました．そして，いろんな雑用がまた私のところに殺到してきました．そのとき私は，次の週のカレンダーがその日に発表され，ファインマンが私のつくった題名を見たことを知ったのです．いまや私は，最悪の事態を心配しました．私は問題にまともに出くわしたのです．「見て，ディック，ご免なさい」と私は口走りました．「私は題名を彼らに告げなくてはならなかったし，それに貴方はそこにいなかったんです．それで，私としてはベストをつくしたんです．」

彼は，彼だけができるやり方で，私に鼻を向けて見下ろしました．「それでよろしい」と．この話は終っているどころではないことを私に分からせるような声の調子で言いました．彼は，「それでよろしい」と不気味に繰り返したのでした．

お茶を飲んで数分後，私たちはみな神聖なホールの階段を登ってゆきました．カルテクの物理のコロキウムは，そのむかし(1921年)から，そこで開かれてきました．彼はいつも

のように ―― 正式にというわけではないのですが，決まったように物理の教授たちのためにリザーブされている ―― 第1列の私の隣りに腰かけました．話は理論的かつ技術的で，難しいものでした．それは，そのときまだ MIT の大学院生であったスティーブン・クーニンによる「原子核内での平衡化過程」という話でした（彼は現在，カルテクのカリキュラム委員長をやっています）．話のあいだ中，ファインマンは，論評や冗談を私の耳にささやいていました．そのため，話が終ったとき，私はクーニンの議論の脈絡を完全に見失っていました．

話の結末に当たって，もうひとりの第1列目の席の保持者の核物理学者，ウィリー・ファウラーが質問をしました（ウィリーは，星の内部での元素の生成について彼がやった仕事で，1983年にノーベル賞を獲得しています）．私はいまの話の多くを理解してはいませんでしたが，ウィリーの質問は理解できたと思いました．そして私は，その答を知っていると思ったのです．こんどは逆に，私がファインマンの耳に私の答をささやきました．その途端，ファインマンの手が挙がりました．

その頃のカルテクの物理のコロキウムでの話し手に対する聴衆は，リチャード・ファインマンと，その他のぼーっとした影と，それから識別不能な顔から構成されていました．ファインマンの手が挙がると，ウィリーの質問に対する答をまとめるのに苦闘していた若きクーニンは，ほっとして彼を指

さしました．ファインマンはもったいぶって立ちあがり(これは，コロキウムのあとの質疑応答の際には決してしないことなのです)，「グートシュタインが言うのには」——彼は，「アインシュタイン」のドイツ語の発音に似るように，わざと間違えて，抑揚をつけた大声で私の名を言いました——「グートシュタインが言うことには……」，そして彼は，私が彼にもぐもぐ言ったようにではなく，私にはできないようなやり方で，美しく優雅な言いまわしで，私の答を言ったのです．「そのとおりです．それがまさに私が言おうとしていたことです」と，クーニンは声高に申しました．

私は恥ずかしくなって，椅子の下にすべりこもうとしたとき，ファインマンは，「ところで，私に質問するんじゃないよ．私には分かっていない．それはグートシュタインの言っていることなんだ」と言いました．彼は私の仇を自分でとったのでした．このことはもう，二度とむし返されることはありませんでした．

1979年6年上旬の金曜日，ファインマンの信頼する秘書ヘレン・タックが，私をそっと電話に呼び出し，彼が胃癌であると言われたと話しました．彼は次の週の終わりに手術のため病院に行かねばなりませんでした．彼がもう一度，外に出てこられるかどうかまったく分かりませんでした．私は，自分が知っていることを彼に告げませんでした．

その金曜日は，カルテクの卒業式の日でした．教授たちの行列のなかに，ガウンを着たファインマンがいました．私は

彼に，ある人が私たちが一緒にやったある仕事に間違いがあると報告しているのですが，私にはどこに誤りがあるのか分かりません，それについてお話ししましょうか，と言いました．私たちは月曜日の朝，私の研究室で会うことにしました．

月曜日の朝，私たちは仕事をしなくてはなりませんでした．いやむしろ彼がそうしたのです．私は彼の肩ごしに批評をしたり，口を出したりしましたが，いちばん驚いたことは，もしかすると死ぬかもしれない手術に直面しているこの人が，2次元の弾性理論のたいして重要でもない問題に，たゆまぬエネルギーをもって取り組んでいることでした．その問題の答は標準的な教科書に書いてあります．しかし，それが問題なのではありません．私たちがオリジナルな仕事を一緒にやったとき，ファインマンはこのあまり重要でない結果を自分のやり方で計算することにこだわったのです．彼はその計算をトップレス・バーのナプキンの上でやりました．そして，その標準的な公式に反する結果(もっと大きな理論の一小部分にすぎないのですが)を確かめずに，おろかにも発表してしまったのです．彼はよくトップレス・バーで時を過ごしましたが，知力の減退を恐れて，決してアルコール性の飲物を口にしませんでした．ですから，「酔っぱらいの推論」と，彼を責めることはできません．それなのに何かが間違っていたのです．問題は，少々間違った答に到達したのはどこに誤りがあったかということでした．

問題が手に負えないものであることが判明しました．午後

6時には，私たちは，絶望的状況だと宣言して，別々に帰宅しました．2時間後，彼は家に電話をしてきました．彼は解答を得たのです．彼は興奮して私に話します．彼は，その計算を途中でやめることができなかったのです．そして最後に，その誤りの原因をつきとめたのでした．彼はその答を私に書きとらせました．こうして，ファインマンは，彼の最初の癌の手術のための入院の4日前に，歓喜の声をあげたのです．

次の週末に彼の身体から除去された腫瘍は大きいものでしたが，医師は病巣をうまく包みこんだと判断し，希望のある予後の見通しが与えられました．それにもかかわらず，結局は彼はこの病気で亡くなったのでした．

1980年代，彼の生涯の最後の10年間にはいると，ファインマンは，本物の有名人，たぶん，アルバート・アインシュタイン以来のもっともよく知られた科学者になりました．彼の若い頃は，科学者間では彼に対する非常に特異なイメージが培われてきましたが，彼はつとめて公衆の注目を避けてきました．彼はノーベル賞を受けることを拒否することさえ考えたのです．そのようなジェスチャーが，賞そのものよりも多くの注目を集めることになることに気づくまでのしばらくの間，本当にそう思ったのです．しかし，彼の経歴の最後になって，ファインマンを有名にする出来事がたくさん起きてきました．

1985年，『ご冗談でしょう，ファインマンさん』が，天井知らずの驚異的なベストセラーになりました．ファインマン

が自分自身について長年にわたって語ってきたお話を,ファインマンのボンゴたたきの相棒のラルフ・レイトンが集めて,長い間カルテクのジャーナリズムの講師であったエドワード・ハッチングスによって刊行されたのです.「特異な性格の冒険」(二重の意味をこめています)というサブタイトルのついたこの本は,ファインマンの科学には関係のない冒険,つまり,彼のロス・アラモスでの反軍的なふざけた振る舞いから,リオのカーニバルでの踊りまで,順を追って語っています.ファインマンが,どういうわけで名声を得る価値があるのか,その理由を知らない公衆は,この偉大な科学者の型にはまらない自由な姿に心を奪われたのです.この本につづいて,3年後に第2の本『困ります,ファインマンさん』が出ました.そのサブタイトルは,「特異な性格のそれからの冒険」となっていて,これもまたラルフ・レイトンに話されたとなっています.

話が変わって,悲惨な出来事が国民的な注目を集めました.1986年の1月28日,スペース・シャトル「チャレンジャー」が,発射後数十秒で爆発しました.何百万人ものひとが生で見たことと,テレビによる果てしない繰り返しにより,その情景はアメリカ人の意識を興奮させました.数日後,アメリカ航空宇宙局(NASA)の局長代理のウィリアム・グラハムがファインマンに電話をして,この事故を調査する大統領委員会に彼を招聘したのです.グラハムはカルテクの学生だった人で,ファインマンがヒューズ航空機会社で毎週やって

いた講義に出席していました．

　その委員会は，前国務長官ウィリアム・ロジャースを頭とするもので，彼は元気のよい科学者がいることでかなり困惑していました．ファインマンは，自分の進行中の病気を理由にして，自ら買って出た攻撃的な科学者としての役割に支障をきたすことをよしとしませんでした．彼の社会的名声の絶頂の瞬間は，テレビで放映された委員会の公開聴聞会の席上で来たのでした．そのとき彼は，シャトルの固体燃料ブースター・ロケットの1つから，締め金のなかのパッキングの小片をほじくりだして，そのサンプルを氷水のはいったコップのなかに落としました．こうして，氷が張る温度では，そのパッキングの弾性が失われることを実証して見せたのです（そのとき彼がつくり出した強烈な印象に反して，この実験は前もって注意深くリハーサルがされていました）．この欠陥こそが，実にチャレンジャーの大惨事の主要な原因であることが証明されたのです．

　ファインマンの惑星の運動に関する失われた講義は，決して彼がこれまでカルテクの学部学生のためにやったその場限りの講義ではありませんでした．彼は，長年にわたって何度か特別講義を依頼されましたが，彼はほとんどいつでも，それを引き受けました．これらのうちの最後の特別講義は，1987年の12月4日の金曜日の朝に実施されました．そのとき私は，新入生の入門的な物理のコースを教えていました．そして彼は，秋学期の最終講義をやってほしいという私の要

望に同意してくれました．このときのファインマンの講義の主題は，曲がった時空（アインシュタインの一般相対性理論）についてでした．しかし，話を始めるまえに，彼は彼を刺激したその主題に関していくつかの言葉を述べました．その年，超新星が私たちの銀河系の端っこで発生したのです．「ティコ・ブラーエは彼の超新星をもっていたし，ケプラーもまた自分の超新星をもっていた．それから 400 年間，超新星は出現しなかった．そしていま，私は自分の超新星をもっている」と，ファインマンは言いました．

この言葉は，新入生たちにより，茫然とした静粛さでむかえられました．ファインマンが口を開くまえにも，彼らにはファインマンに畏敬の念をいだく十分な理由があったからです．ディックは，自分がつくり出した効果によろこんでほほ笑み，次に息をついてその笑みを消し去りました．彼は想いをこめて言いました．君らも知るように，1つの銀河系に約 1000 億個，10 の 11 乗個もの星がある．それは普通，莫大な数であると考えられている．そして，そのような数を「天文学的数」とよぶ習慣になっている．ところが今日，それは国家の負債の額よりも少ないのだ．われわれはむしろ，それらの数字を「経済学的数」とよぶべきである．教室は笑いにつつまれました．そのあとでファインマンは，講義にはいったのでした．

リチャード・ファインマンは，それから 2 か月後，1988年の 2 月 15 日に亡くなりました．

3
楕円の法則の
ファインマンの証明

「簡単なことには簡単な証明がある」と，ファインマンはその講義のノートに書きました．それから彼は，2番目の「簡単」を消して，それを「初等的」と書き直しました．彼が思っていた簡単なことというのは，ケプラーの第1法則，楕円の法則のことでした．彼がやろうとしていた証明は，事実，初等的なものでした．それは，高校の幾何学よりも高級な数学を利用しないという意味ではたしかにそうでしたが，簡単ということからはほど遠いものでした．

まず最初にファインマンは，楕円とは，2個の画びょうと1本の糸と鉛筆を用いて，図14(a)のようにして作られる引きのばした円の一種であることを思いおこさせます．

それぞれの画びょうは，楕円の焦点という点に固定されています．糸は1つの焦点から楕円上の1点に引かれた直線と，もう1つの焦点にもどる線をつくります．その糸の全体の長さは，鉛筆が曲線を1回りする間，同じ長さに保たれています．図14(b)にもう少し適切な幾何学的図形があります．ここで，F'とFは2つの焦点，そしてPは曲線上の任意の点です．F'からPに行き，Fにもどる距離は，P点が曲線上のどこにあっても同一です．

ここに，小さなことですが，憶えておく価値のあることがあります．もし糸を少し短くして，画びょうを元の位置に保っておくと，前の楕円の内側にもう1つ別の楕円が得られま

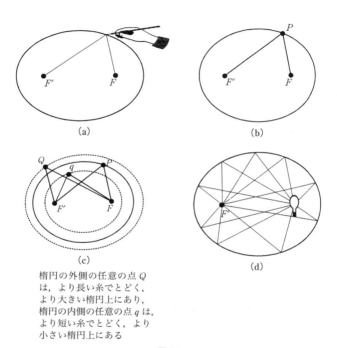

楕円の外側の任意の点 Q は，より長い糸でとどく，より大きい楕円上にあり，楕円の内側の任意の点 q は，より短い糸でとどく，より小さい楕円上にある

図 14

す．糸を少し長くして，画びょうをそのままにしておくと，こんどは外側に別の楕円ができます．このことから，次のことが言えます．いま，平面上に任意の点をとり，この点を q とします．F' から q を通り，F にいたる距離が，F' から P を通り F にいたる距離よりも小さいとき，その点 q (言い換えると，短い糸でとどく任意の点)は，元の楕円の内側にあります．同様に，$F'Q + QF$ (F' から Q への距離プラス Q から F への距離の別の言い方)が，$F'P + PF$ (もともとの糸の長さ)よりも大きいような任意の点 Q は，元の楕円の外側にあります．この考えを説明するのが図 14(c) です．すぐあとの議論でファインマンは，この考えを利用しますが，彼は，いま私たちがやったようには，その証明はしませんでした．そうでなく，彼はその証明を学生が自分でやるように告げました．

楕円はもう 1 つ特別な性質をもっています．電球を F 点上でつけたとし，また楕円の内側の面を鏡のように光を反射するようにしますと，すべての反射光は，図 14(d) のように，もう 1 つの焦点 F' に集中します．そして，逆に電球を F' においたときも同様です．つまり，1 つの焦点を出発したすべての光線は，もう 1 つの焦点上の点に集中します．ファインマンは，これを楕円の第 2 の基本的な性質として引用します．それから彼は，これらの 2 つの性質が本当は同等であることを証明しようというわけです(ここでの彼の戦略は，楕円のもつより神秘的な性質，あとで不可欠なことが分かる性質に

3 楕円の法則のファインマンの証明　79

私たちを引っぱりこもうというのです).

　楕円上に任意の点 P をとりましょう. 楕円上(あるいは, 他の任意の曲線上)のその点(任意の点でもよい)において, 図 15(a) のように, 楕円を横切ることなく, 曲線にちょうど接するただ 1 本の一義的な直線があります. この線を, その点における曲線の「接線」と言います. 光線は, 曲線上の任意の点で同図(b)のように反射します. 仮に, その点で接線によって反射されたと考えれば, 光線は同図(c)のように上と同じ道すじを通ります.

　光が, 曲線上のある点で反射するとき, あたかもその同じ点における接線から反射されるかのように反射する理由は, その接線が正確にその点における曲線の方向を示しているからです. いま 1 つの曲線と, ある点における接線から出発し(図 16(a)), その点のまわりの図を拡大しますと(図 16(b)), その曲線は引きのばされ, それは接線とほとんど同じものになってしまいます. 近づいて見れば見るほど, その点における曲線とその接線の差は小さくなります. したがって, 光が曲線上のある 1 点で反射しますと, それはその点における接線から出たかのように反射されます. 同じ理由で接線は, あとで私たちにとって重要となるもう 1 つの性質をもっています. それは, 仮にその曲線が, 実際に動いている物体の通る道すじであるとしますと, その接線は各点における物体の運動方向を示すということです. 楕円を太陽のまわりの軌道上にある惑星の通る道すじと考えますと, その楕円上の各点に

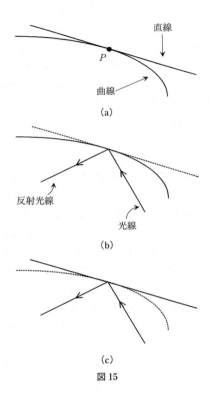

図 15

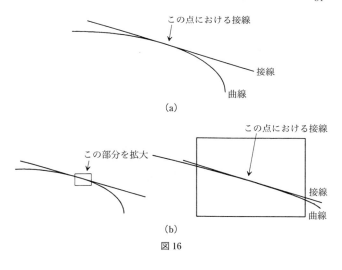

(a)

(b)

図 16

おける接線は,その点での惑星の瞬間的な速度の方向を向いています.

平らな鏡からの反射の法則は,光線が鏡にぶつかり,図 17(a)のように同じ角度で,鏡から反射されるということです.ここに,光線に対する楕円のもつ1つの性質が示されています.つまり,F から P への入射光線が,P 点における接線となす角は,P 点から F' に行く反射光線が接線となす角に等しいのです(図 17(b)).私たちの仕事は,この命題が,距離 $F'P$ プラス距離 PF が曲線上の任意の点 P に対して同じ値であるということと,同等であることを証明することで

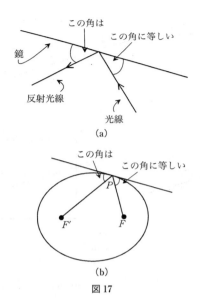

図 17

す.

　この証明には,新しい作図が必要になります.まず F' から接線に垂直に1本の線を引きます(図18(a)).それから,その線を G' 点まで同じ長さだけ延長します(図18(b)).したがって,直線 $F'G'$ は,P 点における接線がその垂直二等分線になるように作図したことになります.ファインマンは G' を F' の鏡像点と名づけました.彼が言いたいことは,仮に接線が本当の鏡だったとしますと,鏡に映した点 F' の像

は，鏡のうしろの等距離の点 G' に現われるということです．
もう1つ作図が要求されます．それは G' 点と P 点を直線で結ぶことです．すると図18(c)のようになります．さて，こうしてできた2個の三角形を見ましょう．1つは切れ目のない線で，もう1つは破線で示してあります(図18(d))．これらの2つの三角形は合同です．合同とは，それらの方向を除いて，すべて同等であるということです．その証明は次のとおりです．いま私たちは，交点 t で垂直線をつくったのですから，それぞれの三角形は直角のところを1つずつもっています(図18(e))．また，2つの三角形は共通の辺をもっています(図18(f))．そして，もう1つの辺は長さが等しくなるように作図しました(図18(g))．（接線は $F'G'$ を2等分することを思い出してください．）2つの等しい辺と，それをはさむ角が等しい任意の2つの三角形は合同です．QED(証明終わり．これは高校で使う習慣になっている符号です)．このことは，それぞれ対応している辺の長さがすべて等しいということです．とくに注意すべきことは，辺 $G'P$ が辺 $F'P$ に等しいということです(図18(h))．また，角 $F'Pt$ と角 $G'Pt$ も等しくなっています(図18(i))．オーケイ，ここで全体の図にもどって，何を学んだかを見ることにしましょう(図18(j))．

ところで，私たちは何を仮定して，何を証明したいかを見失いやすいものです．それで状況をはっきりさせるために，同じ図形をもう一度，順を追って描くことにしましょう．ま

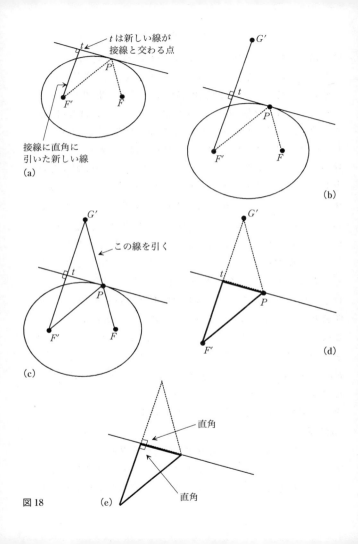

図 18

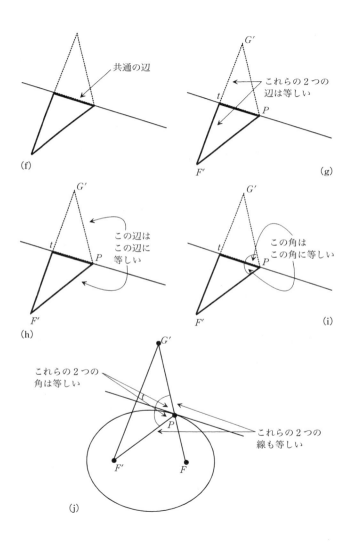

ず2個の点，F'とFから出発します(図19(a))．このとき，しばらくの間は，これらの2点は特別な意味をもつわけではありません．それらは平面上の任意の2点です．次に，F'点から任意の方向に直線を引きます(図19(b))．さて，その線上に1点tをとり，その点tを通る垂直線を引きます(図19(c))．このとき，その垂直線がFとF'の間を通過しないように，点tはF'点から十分に遠くにとっておかないといけません．

F'点から引いた任意の線上に，$F't$がtG'に等しくなるように，点G'を印します(図19(d))．そうしますと，いま描いた垂直線は$F'G'$の垂直二等分線となります．

次に，G'とFを結ぶ線を引きます(図19(e))．この新しい線が，垂直二等分線と交わる点をPとします．そしてPとF'を結ぶ線を引きます(図19(f))．2つの三角形は合同なのですから，角$F'Pt$と角$G'Pt$は等しい(図19(g))．また，角$G'Pt$は，直線$G'PF$が垂直二等分線と交わる反対側の角に等しくなっています(図19(h))．したがって，これらの3つの角はみな等しいわけです(図19(i))．このことは，垂直二等分線が，P点でFからF'へ光を反射することを意味しています(なぜなら，その点で，入射角と反射角が等しくなっているからです)．それだけでなく，合同な三角形にもどってみれば分かるように，線分FPG'は目ざましい性質をもっています．三角形が合同であることから，長さ$F'P$は長さ$G'P$と同じです(図19(j))．これから，F'からPへ行

き，Fにもどる全体の距離は，FからG'への直線距離に等しいことが分かります．ところがその距離は，私たちがもともとの楕円を書くのに用いた糸の長さになっています．言い換えますと，1つの楕円を糸を利用する方法で描いたとすると，G'点は糸をまっすぐに伸ばしたとき到達する点になっています(図19(k))．

そこで私たちは，楕円を作図する，あまり見慣れない驚くべき新方法を発見したことになります．ここで，どうやるのかを示しましょう．

まず一平面上に2点F'とFをとります．それから，(距離$F'F$よりも大きい)一定の長さの糸を持ってきて，一方の端をF点に結びつけます．その糸を任意の方向にまっすぐに引きのばして，終点に印をつけ，それをG'とよぶことにします(図20(a))．次に，F'とG'を結び，$F'G'$の垂直二等分線を引きます．その垂直二等分線がFG'と交わる点をPとします(図20(b))．さて，糸の端の点G'を，Fを中心とする一定の半径の円上で動かします(図20(c))．そうすると，円の半径FG'と，線分$F'G'$の垂直二等分線の交点Pは，F'とFに両端を固定した同じ長さの糸を用いてつくったのと，まったく同じ楕円を描き出すことになります(図20(d))．なぜなら，P点をこのようにしてつくると，(Fからその円までの)距離FPG'は，距離FPF'(これが楕円をつくる)につねに等しいからです．したがって，どの円でも，そのなかには，中心からはずれたすべての点に対応して，中心をはずれた楕

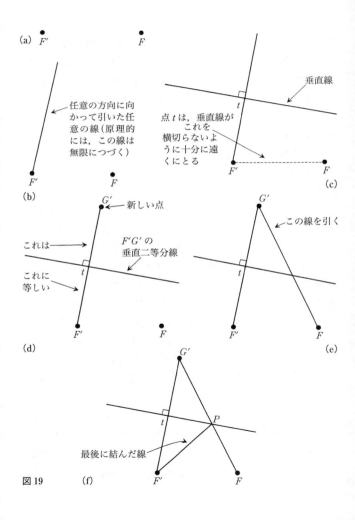

図19

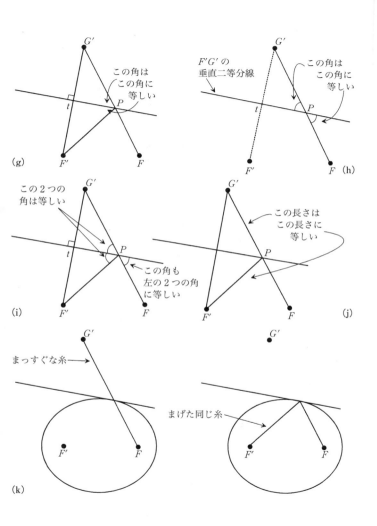

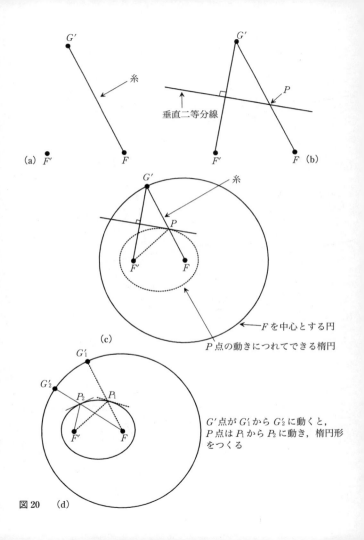

図20

円が隠れていることになります．このことは非常に興味深いことです(そして後に，これがきわめて価値のあることなのが分かります)が，それはこれから証明しようとしていることではありません．

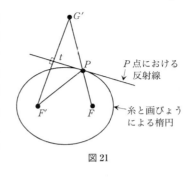

図21

上で証明したことは，楕円の糸と画びょうによる作図が，FからF'へ反射する光線の性質に等価であるということです．私たちが作図で得たものは，糸と画びょうによる作図(すなわち，$F'P+PF$が楕円のまわりのすべての道すじで等しい)によって得た楕円と，同じ角度で入射と反射をしてFからPに行き，F'にいたる線の2つの図です．そして，その反射線は，線分$F'G'$の垂直二等分線になっています(図21)．ここでまだ証明されないで残っていることは，P点における反射線が，P点における楕円の接線になっているということです．すでに私たちは，楕円上の各点は，その点における接線と同じ反射の性質をもつことを知っています．したがって，もしP点における反射線がP点において楕円に接していれば，楕円は任意のP点でFからF'に光を反射することになり，2つの性質(つまり，糸と画びょうと，1つの焦点からもう1つの焦点へ光を反射すること)は同等であると

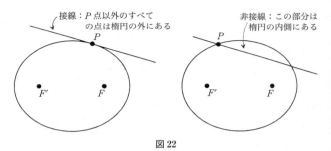

図 22

いうことになります.

その証明は, 点 P が(作図により), その直線と楕円の両方の上にあり, そして, その線上のその他のすべての点は楕円の外側にあることを示すことによって与えられます(図 22 左). それこそ, 任意の曲線のある点における接線のもつ特異な性質です. つまり, 接線は曲線と交差することなく, それに接触します. もし, その線が P 点で曲線と交差するとしますと, その直線の一部は必然的に曲線の内部に存在することになります(図 22 右).

作図にもどりましょう. P 点以外の直線上の任意の点をとり, それを Q と書き, それを F' と G' に結びます(図 23(a)). このとき, $F'Q$ と $G'Q$ の距離が等しいことは容易に分かるでしょう(PQ は $F'G'$ の垂直二等分線であり, 三角形 $F'tQ$ と三角形 $G'tQ$ は合同ですから). ここで, QF の線を引きます(図 23(b)). このとき, F' から Q を通って F にいたる距離は, G' から Q を通って F にいたる距離と同じです. それは,

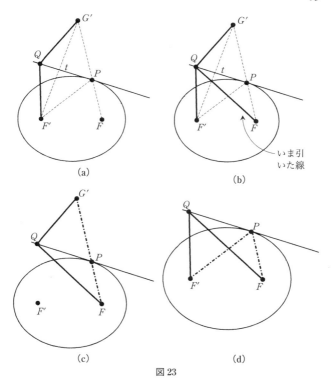

図 23

$F'Q$ と $G'Q$ が等しく,第 2 段階では QF が共通だからです.さてここで,$FQ+QG'$(実線)の長さと,$FP+PG'$(一点鎖線)の長さを比較します(図 23(c)).FPG' は直線ですから,明らかにこのほうが短くなっています.直線は 2 点間を結ぶ

最短距離です．ところがいま示しましたように，図23(c)の折れ線 $G'QF$ は，同図(d)の実線 $F'QF$ と同じ長さです．同じことが図の破線に関してもいえます（一点鎖線のときは，前に見たように，それは糸の長さです）．

いま証明したことは，実線は一点鎖線よりも大きい距離をもっているということです．言い換えますと，F' と F に固定した画びょうから伸ばした糸を用いて Q 点にとどかせようとしたら，その糸は，特別な点 P にとどかせるのに必要な糸よりも長くなくてはならないということです．だいぶ前に，私たちは，そのような点はみな楕円の外側にあることを示しました．したがって，その線は P 点における楕円の接線であるということになります．QED.

いま QED という言葉を用いましたが，この言葉の利用に当たって，ファインマンの上の証明法に関してとくに興味深いものがあります．要するに私たちが示したのは，F' 点から接線を通り，それから F にいたる最短の道すじは，P 点において光を反射するような道すじであるということです．これはフェルマーの原理（光は2点間の最短時間の道すじをとるという原理）の特別な場合です．これは，ファインマンの量子電磁力学の研究に密接に関係しています．一方，量子電磁力学(Quantum Electro-Dynamics)は QED と略称されており，それはファインマンにノーベル賞を獲得させたものです．フェルマーの原理は最小作用の原理の特別な場合になっているのです．

いずれにせよファインマンは、楕円に関して私たちが知っておく必要のあることは、これで全部を話し終えたわけです。彼はここで、話を力学に転換します。つまり、力と運動と、それから得られる結果に話を移します。ファインマンが彼の講義のノートにスケッチした図は、ニュートンの『プリンキピア』から直接コピーしたものです。それは、**図24**の2つの図を比較してみれば明らかです。

　ニュートンの図形で、S は太陽(動かない力の中心)を表わし、A, B, C, D, E および F は、太陽のまわりの軌道上にある1つの惑星の、等しい時間間隔をおいた継続的な位置を表わしています。惑星の運動は、それに力が作用していないときには、直線上を一定のスピードで運動しようとする傾向(慣性の法則)と、惑星に作用する力——すなわち、太陽の方向を向く重力——による運動との間の競合の結果です。現実には、これらを結合した結果は滑らかに曲がった軌道をつくり出します。しかし、17世紀の幾何学的な分析の目的のために、ニュートンは、それらを慣性による一連の直線状の線分によって表現します。そして、その線分は、太陽からの力が衝撃的に(事実上、瞬間的に)作用することによって、その方向への運動をさえぎられ、その方向を突然変えるのです。したがって、図形の最初の一片は、**図25(a)**のような形から出発することになります。惑星に力がはたらいていなければ、惑星はある時間間隔の間に、A から B に移動するでしょう。次の同じ時間の間にも作用する力がなければ、惑星はその間

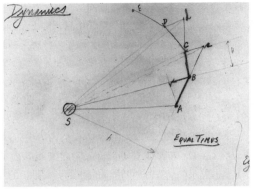

(a) ファインマンの図形

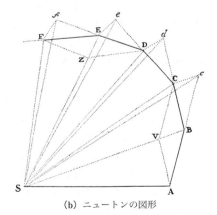

(b) ニュートンの図形

図 24

に，AB と等しい距離 Bc にわたって直線運動をつづけます（図 25(b)）．そうでなく，太陽からの力が B 点で作用するとき（本当は連続的に作用します），それを衝撃で表わしますと，それは太陽の方向を向く運動成分 BV をもたらすことになります（図 25(c)）．力がないときの運動 Bc と，力による運動 BV を，平行四辺形の形で合成しますと，その対角線が実際の運動となります（図 25(d)）．

　したがって，惑星は「実際には」道すじ ABC をとります．このとき，Cc は太陽の方向を向いているわけではないことに注意しましょう．それは，正確に太陽の方向を向いている VB に平行になっています．ついでに言っておきますが，これらの点はみな，1 つの平面上にあります．任意の 3 点 S, A, B は 1 つの平面を定義します．S, A および B を結ぶ線は，その平面内にあります．線分 BV は同じ平面内にあります．なぜならそれは BS 線上にあるからです．線分 Bc もその平面内にあります．なぜなら，それは線 AB を延長したものだからです．線 BC もその平面内にあります．それは，BV と Bc によりつくられた平行四辺形の対角線だからです．さて，各点で上と同じ手続きを繰り返します．すると，次のステップは図 25(e) のようになります．これを繰り返します．ここでニュートンは，同じ解析をより短い時間間隔に対して適用します．そうして得られる道すじ $ABCD\cdots$ は，滑らかな軌道にいくらでも近づきます．その軌道上では，慣性と太陽の力の両方が連続的に作用しています．そしてこのとき，

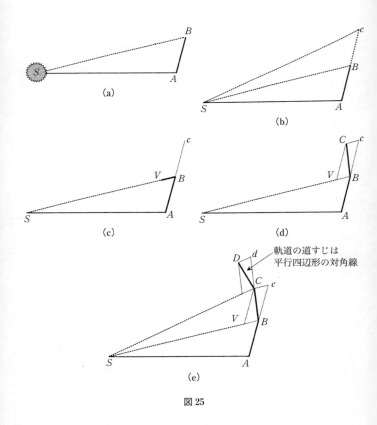

図 25

軌道はつねに1つの平面上にあります．

時間間隔を短縮するまえに，ニュートン(とファインマン)は，惑星の軌道は，等しい時間に等しい面積を掃くことを証明します．言い換えますと，最初の時間間隔の間に惑星によって掃かれた三角形 SAB は，2番目の同じ時間間隔に掃かれた三角形 SBC と等面積をもつ．そして以下同様ということです．その証明の第一段階は，三角形 SAB と三角形 SBc ── この三角形は，太陽からの力がないとしたときに，第2の時間間隔の間に惑星によって掃かれるはずの三角形です ── の面積が等しいことを示すことです．図26(a)に，3つの三角形がどうなっているかが示されています．

三角形の面積は，「底辺」掛ける「高さ」の半分です．例えば，三角形 SAB の面積を計算する1つの方法は，SA を底辺に選ぶことです．このとき高さは，SA の延長線上から，三角形の最高点までの垂直距離で与えられます(図26(b))．SB を底辺に選んで，高さを図26(c)のように作図しても，同じ結果が得られます．さて，この面積を三角形 SBc の面積と比較しましょう．このとき，SB を底辺に選んでいます．そして高さは図26(d)のようにとっています．これらの2つの三角形の高さの作図でつくられる図形を見てみます(図26(e))．とりあえず，直角にとった2つの端の点を x, y とします．三角形 ABx と三角形 cBy は合同です．なぜなら1つの辺が等しく，2つの角が等しいからです．ここで等しい辺というのは，AB と Bc です(これらは，太陽からの力が作用

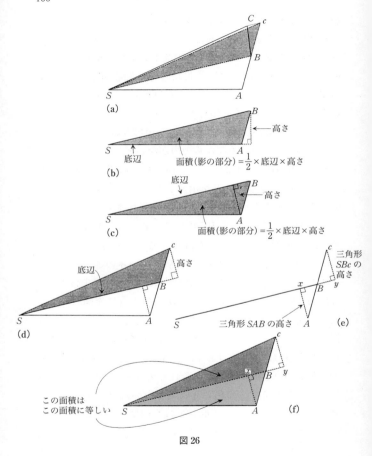

図 26

していないとき，等しい時間の間に惑星が動く距離だからです）．そして，等しい角というのは，直角（角 AxB と角 cyB）と，2つの直線 xBy と直線 ABc の交線によってつくられる向かい合った角です．三角形は合同なのですから，2つの高さ Ax と cy は等しくなっています．三角形 SAB と三角形 SBc は，同じ底辺 SB と等しい高さをもっていますから，それらの面積は等しいことが分かりました（図26(f)）．QED*．

* ファインマンの講義（第4章）では，AB と Bc を，それぞれの2つの三角形の底辺に選んでいます．そうすると，2つの三角形は同じ高さをもちます．これは，ABc の線を下に延長して，それから S へ垂直線を書くことによって得られます．この証明も，本章の証明のどちらも正しいものです．

次に（ニュートンとファインマンにしたがって），三角形 SBc（実線）の面積と，三角形 SBC の面積（一点鎖線）もまた等しいことを示します（図27(a)）．2つの三角形は，共通の底辺 SB をもっています．三角形 SBC の高さは，SB の延長線上から C への垂直距離です（図27(b)）．一方，三角形 SBc の高さは SB の延長線上から c への垂直距離です（図27(c)）．これらの2つの図形をまとめて重ね合わせます（図27(d)）．このとき，Cc は正確に SB に平行であることを思いおこしましょう．2つの高さは，同じ2つの平行線の間の垂直距離ですから，それらは等しくなっています．つまり，三角形 SBC と三角形 SBc は，同じ底辺と等しい高さをもっています．したがって，2つの三角形の面積は等しいことになりま

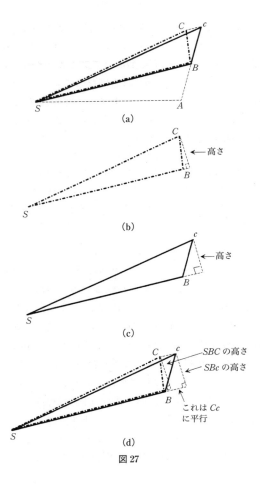

図 27

す．QED.

　非常にきれいな幾何学であることを別にしても，いまやった証明は，物理学にとって非常に重要なものです．道すじ Bc は，力がまったく作用していないときにとる道すじです．ところが，S の方向を向いている力があります．するとその力は，軌道を道すじ Bc から道すじ BC に変えます．しかしそれは，一定の時間間隔の間に掃く面積を変えることはできません．後年(ニュートンの後，しかしファインマンよりもずっと前に)，この面積は「角運動量」とよばれる量に比例することが分かりました．現代の物理学の言葉で表現しますと，S の方向を向く惑星への力は，S に関して測られた惑星の角運動量を変えることはできないということを私たちは証明したわけです．ニュートンは角運動量という言葉を用いたことはありませんでしたが，彼は明らかに，その量の物理的意味と，角運動量は中心 S の方向を向いていないある方向に沿う力によってのみ変えられるという事実を理解していたのです．

　ともかく，私たちはいま，三角形 SAB の面積が三角形 SBc の面積に等しいことと，三角形 SBc と三角形 SBC の面積が等しいことを示しました．これから，三角形 SAB と三角形 SBC が同じ面積をもつことが導かれます．そこでもともとの図形(図28)にもどってみますと，同じ議論が次々と続く三角形 SCD, SDE, … にも適用できることは明らかです．これらは，等時間間隔の間に，惑星によって掃かれる三

角形です．したがって，私たちは，ケプラーの惑星運動の第2法則，1つの惑星は同一時間に同一面積を掃くという法則の証明に成功したわけです．

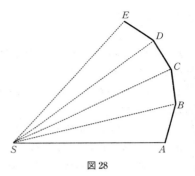

図28

これまでの考察でどんな結果が得られるかが分かったので，ここでそれを私たちがどうやって得たかを振り返ってみることは価値のあることです．この結論を得るには，私たちは力学について，つまり，力とそれが生みだす運動について，何を知っていなければならなかったのでしょうか．

その答は次のとおりです．私たちは，ニュートンの第1法則(慣性の法則)とニュートンの第2法則(運動の変化は，加えた力の方向におきる)および惑星への重力は太陽の方向を向いているという考えを利用しました．それ以外のことは何も用いていません．例えば，重力(あるいは万有引力)が距離の2乗に反比例するということは用いていません．ですから，重力が距離の逆2乗に比例するという特性は，ケプラーの第2法則とは無関係です．力が太陽の方向を向いてさえいれば，他のどんな種類の力でも同じ結果を与えるでしょう．つまり，私たちが学んだことは，ニュートンの第1および第2法則が

3 楕円の法則のファインマンの証明　105

正しいものとすれば，惑星が同一時間に同一面積を掃くというケプラーの観測事実は，惑星に作用する重力が太陽の方向を向いているということを意味していたのです．

　皆さんのなかには，ニュートンの第1法則と第2法則を，正確にはどこで利用したか，いぶかっている人がいるかもしれませんね．第1法則は，力が惑星に作用していないとき，それがAからBに，そしてさらにcに動くといったときに利用され，そして第2法則は，太陽からの力による運動の変化BVが太陽の方向を向いているといったときに利用されています．ついでにいっておきますと，私たちはニュートンの本に書いてある第1番目の系——ある時間間隔の間に，2つの傾向によってつくられる正味の運動は，それぞれの傾向によって生じる別々の運動のつくる平行四辺形の対角線で与えられる——をもまた利用しました（図29）．

　この時点でファインマンは，その講義のなかで，「諸君がたったいまみた論証は，ニュートンの『プリンキピア』にあるものの正確なコピーである」といっています．しかし続け

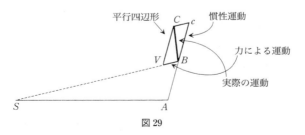

図29

て彼は，自分は，ニュートンの議論には，これ以上はついていけなかった，それで残った楕円の法則の証明は，自分ででっちあげたのであるといっています．しかし，ファインマンの証明に話を移すまえに，彼が講義のなかで処理したもう1つ別の話，つまり重力の距離の逆2乗の法則がどこで入ってくるかという話を，ここで挿入しておきましょう．

重力の距離の逆2乗性(これをR^{-2}と表わします)は，ケプラーの第3法則から導かれます．この法則は，1つの惑星がその軌道を1回転するのに要する時間(つまり，その惑星の1年)は，太陽からの惑星への距離の2分の3乗に比例するというものです．実際には，惑星の軌道は1つの焦点に太陽をもつ楕円ですから，ある与えられた惑星は，いつも太陽から等距離にあるわけではありません(**図30(a)**)．楕円の中心(これは太陽のある点ではありません．太陽は中心からずれています)から，楕円上のもっとも遠い点への距離を「長半軸」といい，これをaとします(短いほうの軸をbと書いて，これを「短半軸」といいます)．長半軸というのは，それが楕円のもっとも長い軸の半分になっているからです．ケプラーの第3法則は，惑星がその軌道を1周するのにかかる時間が，長半軸aの2分の3乗に比例するということです．

いま述べたことのもつ意味をより確実なものにするために，太陽のまわりを回る惑星が2個ある場合を想像してみましょう(あるいは，そのまわりを回る2個の月をもつ惑星——このときにも同じ法則が成立します)．図30(b)の矢印は，そ

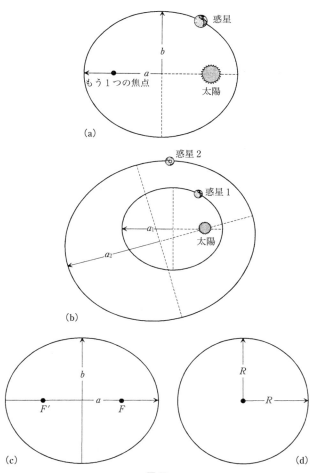

図 30

れぞれの楕円の中心から，それぞれの一番遠い点までの距離です．これらの距離が長半軸 a_1 と a_2 です．さてここで，a_2 は a_1 の2倍だとします．そうすると，ケプラーの第3法則は，惑星2がその軌道を1回転するのに要する時間は，惑星1の軌道周期よりも2の2分の3乗倍だけ長いというのです．2を3乗すると8となり，8の平方根をとると2.83を得ます．惑星2の1年は，惑星1の1年よりも2.83倍だけ長いのです．

いま仮にプラトンが正しかったとして，惑星の軌道が完全な円であるとしても，なおこの法則は正しいと考えられます．そうしますと，惑星のすべての振る舞いは非常に簡単なものになります(しかし，ずっと面白くなくなりますが)．円は特別に簡単な楕円であると考えることができます．1つの楕円(図30(c))から出発すると，円は焦点 F' と F を，その中心に移動することによって作ることができます(図30(d))．

このとき，長半軸 a は短半軸 b と同じ長さになります．そこで，それらの両方を半径 R とよぶことにします．ここで円は楕円(たしかに楕円の特別な場合)なのですから，ケプラーの法則は惑星の軌道が円であることを許します．しかし，それを要求しているわけではないことに注意しましょう．現実には，私たちの太陽系の惑星の軌道は，非常に円に近いものです(しかし，厳密にはそうではありません)．しかし，ケプラーの法則にしたがうその他のもの(例えばハレー彗星のようなもの)は，円から非常にかけ離れたものです．

さて，いまの問題にもどって，ケプラーの第3法則は，太陽からの重力が太陽からの距離の2乗とともに減少する力であることを意味することを示そうと思います．ファインマンに従って，惑星の軌道が本当に円である振りをしますと，議論が非常に簡単になるのです．1つの軌道を1周する時間を，記号的に T と書くことにします．すると，ケプラーの第3法則は，$T \propto R^{3/2}$（これを「T は $R^{3/2}$ のように変化する，あるいは T は $R^{3/2}$ に比例する」とよみます）となります．ここで R は太陽への距離です．この法則が，逆2乗の法則とどう関係しているのでしょうか．

ファインマンと同様に，私たちはここでニュートンの議論についていくことはできません．それにファインマンの議論にも少々分かりにくいところがあります．そこで，ここでは私たち自身のやり方で話を構成することにします．この議論は，ケプラーの第3法則とニュートンの逆2乗の法則の関係について，読者を納得させるだけでなく，この話の大詰めの段階で必要となるある幾何学的手法を導入するために計画されたものです．

私たち（とファインマン）が，ニュートンの本からコピーした図形（図31(a)）は，空間内での惑星の引きつづく「位置」を示しています．等時間間隔の間に，惑星は A から B へ，B から C へ，…と動いていきます．またこの図の上に，各線分上での速度（慣性によって，惑星は A から B に，B から C に，それぞれ一定の速度で動きます）を表現することもで

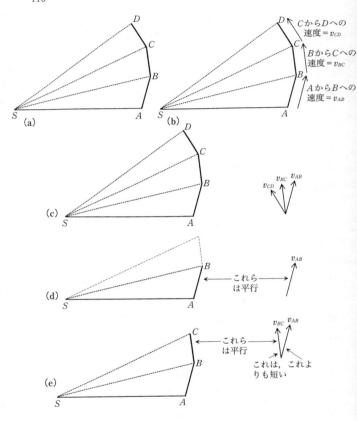

図 31

きます(図 31(b)).速度は,運動の方向を向いている矢印で表わすことができます(物理学での習慣で,「速度」という言葉は,スピードだけではなく,その方向をも意味することを思い出してください).速度の矢印を,軌道上の対応する線分の横に書く理由はありません.それらを,共通の原点のまわりに集めることもできます(図 31(c)).この新しい図は,位置の図というよりも,速度図といったほうがよいでしょう.矢印の方向は惑星運動の方向を示しています.したがって,図の v_{AB} は線分 AB に平行でなくてはなりません(図 31(d)).また矢印の長さは,そのスピードに比例します.言い換えますと,その線分内の惑星が速く動いていればいるほど,矢印は長くなります.もし惑星が,A から B に行くよりも,B から C への線分上でゆっくりと動くときには,図 31(e) のような図を得ることになります.

ところがニュートンの第 2 法則によりますと,B 点での速度の変化は太陽の方向を向いていなくてはなりません.この B 点で作用した衝撃力が速度を変化させたわけです.いま,v_{AB} を変化の前の速度(**図 32(a)**),v_{BC} を変化後の速度としますと(図 32(b)),速度の変化もまた図 32(c) のように矢印で表わされ,その矢印は B から S の方向に向いていなければなりません.B 点における速度の変化 Δv_B は,太陽からの力の方向を向いていて(図 32(d)),その大きさは力の強さに比例します.仮に太陽からの力が B 点で 2 倍になれば,Δv_B もまた 2 倍の大きさになります.これが,ニュートンの第 2 法

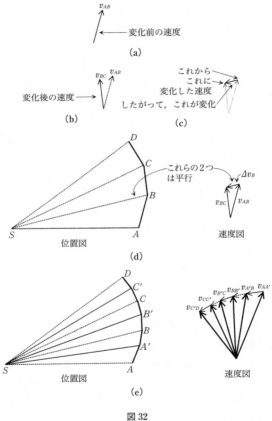

図 32

則の意味です．また，点 A, B, C, … のそれぞれでの速度の変化は，これらの点の間の(等しい)時間間隔の大きさに比例します．ニュートンは，その軌道を，実際に空間内につくられる滑らかな曲線により近づけるために，その時間間隔を半分の大きさにしました．他のことは全部同じで，時間間隔だけが半分になりますと，それぞれの速度の変化も半分になりますが，その数は 2 倍になります．この図 32(e) は，前の図形(図 32(d))のときと同じ力でつくられる同じ軌道です．その力は，各点における速度の変化(この図のときは，大きさが半分)を，時間間隔(これも半分の大きさ)で割ったものに比例します．つまり，$F \propto \Delta v/\Delta t$ です*．ここで F は力で，Δt は時間間隔です．図 32(e) の力は，同図 32(d) の力と同じです．

> *(訳者註) 念のため注意しておきますが，Δt は 2 つの時間の値の微小差を表わします．Δ(デルタ)と t の積ではありません．Δv についても同様です．

いま見たように，位置図と速度図の方向には対応関係があります．しかし，図形の大きさについては，たがいにまったく関係がありません．速度図全体を 2 倍の大きさ(方向はどれも変えない)にしても正しいのです(**図 33**)．

ここでもっとも簡単な例を調べてみましょう．軌道が半径 R の円であると仮定します．そうすると，ニュートンの図は**図 34**(a)のようになります．このときは，距離 SA, SB, SC, … は，どれもみな円の半径 R に等しくなります．また，

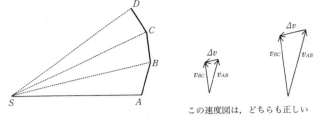

この速度図は，どちらも正しい

図 33

$A, B, C, D, \cdots$ における衝撃力によるそれぞれの速度の変化もまた，太陽からの力が距離にどのようによっているかに関係なく同じ大きさです．なぜなら，これらの点はみな太陽から等距離にあるからです．このことから，$AB, BC, \cdots$ に沿うスピードはみな同じでなくてはならず，また線分 $AB, BC, \cdots$ の長さもみな同じです．言い換えますと，ニュートンによって描かれた図形は，本当の軌道である円に内接する，等しい辺と等しい角をもつ正多角形です（図 34(b)）．正多角形には，正三角形，正方形，正五角形，正六角形などがあります．そして，その辺の数がふえるほど，それは円に近づきます．ニュートンは，その図形でより短い時間間隔を用いることを想像し，より多くの辺をもつ正多角形を与えて本当の円に近づけ，本当の円が得られるまで，その操作を無限につづけるのです（図 34(c)）．

円軌道に対応する速度図では，すべての速度は同じ長さをもち，それらは同じ角度だけ傾いて離れています．したがっ

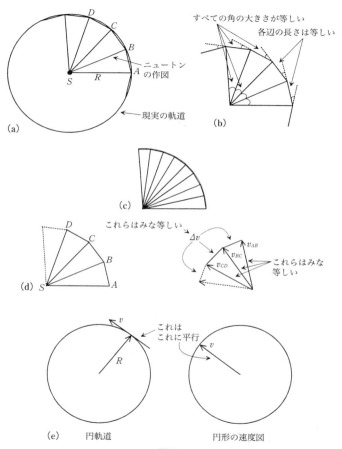

図 34

て,すべての速度変化 Δv の大きさは同じです(図34(d)).
そのため,速度図もまた正多角形になり,軌道が円になったとき(無限に分割したとき),これもまた円になります(図34(e)).速度図の円の半径は v で,これはその軌道上のどこでも一様なスピードです.そのスピードは,惑星が移動する距離を,それにかかった時間で割ることによって与えられます.惑星が移動する距離を軌道の円周――すなわち $2\pi \times R$――にとり,惑星が円周を1回りするのに要する時間を T(これは,前に軌道の周期とよんだもの)としますと,そのスピード v は,ちょうど $2\pi R/T$ に等しいことになります(図35(a)).惑星が軌道上を1回転しますと,そのたびに速度の矢印もまた1回転します(図35(b)).速度の矢印が1回転しますと,矢印の先端は距離 $2\pi v$ を動きます(図35(c)).ここで,速度の変化は,速度の矢印の先端の運動によって与えられることを思い出してください(図35(d)).

さていま,円を30個の部分に分割したとしましょう.すると,それぞれの部分は周期 T の30分の1の時間の間の運動を表わしています(図35(e)).すでにご存知のように,力は $\Delta v/\Delta t$ に比例します.ここで Δv は速度の変化で,それは速度円の円周の30分の1に等しい.そして Δt は時間間隔で,それは T の30分の1です.円周の30分の1を T の30分の1で割ったものは,明らかに,円周全体を全時間 T で割ったものに等しいですね.したがって,$\Delta v/\Delta t$ は円周,すなわち $2\pi v$ を周期 T で割ったものに等しいことになります(図

3 楕円の法則のファインマンの証明 117

35(f)).

$$v\frac{\Delta R}{\Delta t} = \frac{2\pi R}{T}, \qquad \frac{\Delta v}{\Delta t} = \frac{2\pi v}{T}$$

したがって，力 F は $2\pi v/T$ に比例し，またその速度 v は $2\pi R/T$ に等しい．記号を使って表わしますと，

$$F \propto \frac{2\pi}{T}v = \frac{2\pi}{T}\left(\frac{2\pi R}{T}\right)$$

となります．右辺の2つの分数を掛け合わせますと，

$$F \propto (2\pi)^2 \frac{R}{T^2}$$

となります．このことは，例えば太陽から2倍遠くにある惑星があったとして（R でなく $2R$ になる），そしてそれが同じ周期で円を1回転するとしますと，太陽からその惑星にはたらく力が，R に比例するので，2倍の大きさになるはずであるということを意味しています．ところが惑星は，そういうふうには振る舞いません．前にやったように，2倍の距離にある惑星があると，その周期は 2.83 倍になります．これは，ケプラーの第3法則

$$T \propto R^{3/2}$$

（惑星の周期は，太陽からの距離の2分の3乗に比例する）によって決定されます．力 F は距離 R を T^2 で割ったものに比例します．ところが，T^2 は $R^{3/2}$ の2乗を意味しますから，$(R^{3/2})^2 = R^3$ です．したがって，力は距離 R を距離 R の3乗 R^3 で割ったものに比例します．R を R^3 で割り算をすると，

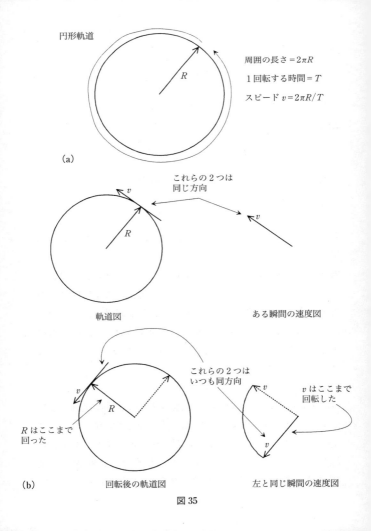

図 35

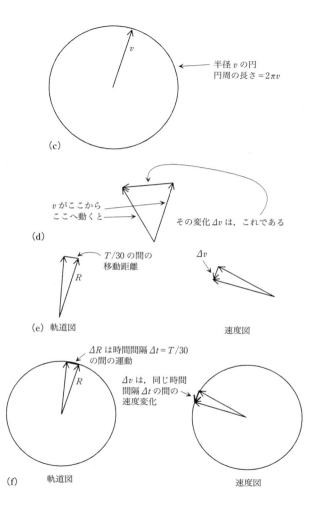

それは R^2 分の 1 です．つまり，力は太陽からの距離 R の 2 乗に反比例します．これこそが，私たちの求めていた関係——逆 2 乗の力の法則です．

さらに話を前進させるまえに，ここで私たちはどこまできたか，そしてこれからどこに行くのかを見きわめるために，しばらく立ちどまるのによい場所にいます．

ケプラーは 3 つの法則を与えました．ニュートンもまた 3 個の法則を与えました．しかし，ケプラーの法則はニュートンの法則とはまったく性格の異なる法則です．ケプラーの法則は，天空の観測事実の一般化です．それは今日，私たちが曲線合わせと言っているものです．ケプラーは，宇宙空間内に数個の点——ある既知の時刻において火星が観測された位置——をとり，そしてこう言ったのです．「わーい！ これらの点はみな楕円という 1 つの曲線上におさまる」と．この言い方は，歴史的大天才の 1 人のライフワークを矮小化するものです．しかしそれでも，真実に近いものです．これがケプラーの 3 法則の本質的性格です．

ニュートンの法則は，それとは根本的に異なる種類のものです．それらは，物理的現実のもっとも奥深い性質——物質，力および運動の間の関係——についての仮説なのです．もしこれらの仮説から導かれる振る舞いが，自然界に観測されたなら，それらの仮説は正当なものでしょう．そしてそうなっているならば，私たちは自然の精神，あるいはまた神の心を見たことになります．それをどう表現するかは，比喩の言葉

3 楕円の法則のファインマンの証明

についてのあなた方の好みの問題です．惑星運動という決定的に重要な活躍の舞台においては，ニュートンの仮説が正しいかどうかのテストは，それがケプラーの法則を与えるかどうかということです．ケプラーの法則というのは，莫大な量の天文学的データのきわめて精細な集大成なのですから．

　ニュートンの法則とケプラーの法則の間を結びつけるのは，それより複雑なことです．ニュートンの時代までは，鎖に失われた輪がありました．ニュートンの法則が命ずる惑星運動を決定するには，ニュートンは特定の種類の力の性質，つまり重力を発見しなくてはならなかったのです．そのために，彼はケプラーの第2法則と第3法則を利用したわけです．こうして重力の性質を演繹した後になって，はじめて彼は，重力が彼の法則の指示にしたがってはたらき，残りのケプラーの観測事実，つまり楕円の法則が生起することを証明できたのです．以上が，ニュートンが『プリンキピア』のなかで述べていることがらの論理的な順序です．さて，私たち自身は，ニュートンの法則とケプラーの第2と第3の法則を利用して，重力の性質を導き終った段階にいるわけです．そこで，私たちの最終演技 —— ケプラーの第1法則，楕円の法則の証明 —— の幕を上げる前に，私たちがどうやったかを振り返ってみましょう．

　ニュートンの第1法則(慣性の法則)を惑星運動に適用するとき，この法則は，もし惑星に力がはたらいていないならば，それがはじめ静止していたら静止したままであり，それがは

じめ動いていたら，一定のスピードで一直線上を永久に動いて行くといっています．ニュートンは，そのメカニズムをときどき，惑星の「内的な力」のせいにしていますが，どうして慣性の法則が成立するのか，それは1つのミステリーです．しかし，ニュートンの3法則に関するこの種の問題は，それが「なぜ」本当なのかではなく，それらが本当「かどうか」と問うべきなのです．

ニュートンの第2法則は，実際に惑星に作用する力があるときには，その効果は，慣性の影響によって惑星が一定のスピードで進んできた直線上から，その惑星をそらすことであるといっています．とくに，力がある与えられた時間間隔 Δt の間作用したとすると，それは速度の変化 Δv ── すなわち，慣性的な道すじからの逸脱 ── をもたらします．そしてその変化 Δv は力に比例し，その変化は力と同じ方向に生じます．このことは，2倍の力 ($2F$) が作用すると，速度に2倍の変化 ($2\Delta v$) を与えます．このことはまた，$2\Delta v$ は，同じ力を2倍の時間 ($2\Delta t$) にわたって作用させても得られることを意味します．私たちは，これを記号的に $\Delta v \propto F \Delta t$ と書き表わします．このことはさらに，もし力が太陽の方向に向いているとき，その速度の変化は太陽の方向を向かなくてはならないことをも意味しています．

ニュートンの第3法則は，1個の惑星の異なる部分の間に作用する力は，惑星全体に対しては，差し引き正味ゼロの力しかもたらさないといっています．そのおかげで，惑星運動

を分析する目的のためには，惑星が大きさをもつ複雑な物体であることを無視することができます．したがって，惑星を，その中心に位置する数学的な点として集中しているかのように扱うことができます．これが第3法則の役割でした．

そこでニュートンが追究する描像は，不動と仮定された太陽は，惑星に力，つまり重力を及ぼし，その力は，それがなければたどっていくはずの慣性的な直線から惑星をそらし，それの現実の運動にもってゆくということです．

ケプラーの第2法則によって記述される現実の運動の1つの性質は，惑星がその軌道のまわりを回転するとき，太陽を惑星に結びつける仮想的な線が，等しい時間に等しい面積を掃くということです．前に説明したように，ニュートンは，ケプラーのこの観測事実のもつ意味は，重力が惑星を太陽に結びつける方向に作用することであることを示したのでした．

惑星運動のもつ第2の性質は，どの惑星でも，その惑星の軌道が太陽から遠く離れているほど，その軌道上をゆっくり動くということです．とくに，惑星が1つの完全な周回路をつくる時間は，太陽からこの軌道への距離の2分の3乗とともに増大します．私たちも示したことですが，ニュートンは，この結果をもたらすためには，いろいろな軌道上の惑星を直線運動からそらせる力が，太陽からの距離の2乗に反比例する形で弱められなくてはならないことを示しました．言い換えますと，もし惑星が太陽から2倍遠くに離されると，その惑星が太陽に向かって引きつけられる力が4分の1に減少し

ます.

ケプラーの第2法則(等面積)は，1個の惑星の軌道上の異なる部分での運動を扱うものですが，彼の第3法則は，別々の惑星の軌道を比較するものであることに注意してください．惑星の質量は，それらの軌道内でどれほど速く動くかにはまったく関係しないというのは不思議なことですが，本当のことです．木星の質量は，地球の質量の300倍以上もあるのに，惑星としての地球の1年は，木星の1年よりも，太陽からの距離の2分の3乗の比だけ短くなっているにすぎません．

いずれにせよ，私たちはもう，惑星への太陽からの重力は太陽の方向を向き，その強さは太陽からの距離の2乗に反比例して減少することを知っているわけです．私たちは，これを見つけるのに，ケプラーの第2と第3法則を大いに利用したのでした．最後の勝利の完遂は，ニュートンの法則にしたがって作用するその重力が，惑星の楕円軌道を生みだすことを示すことです．

ファインマンが講義のなかで，これ以上はニュートンの議論の筋道をたどることができないことを知って，彼独自のやり方を工夫しはじめたのは，この時点でした．彼のニュートンからの離脱は，チェスの天才によるまったく予期しないすばらしい駒の動きに非常によく似ています．それは，ニュートンのいつもの手である軌道を等時間間隔の仮想的な線分に分割することをやめて，軌道を太陽から見て等しい角をつく

る線分に分割するとい
う手です．これが何を
意味するかを見るため
には，いくつかの図形
を描く必要があります．

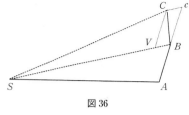

図 36

ファインマンがその
講義のノートに模写し
た『プリンキピア』のなかの図形を思いおこしましょう（図36）．もし太陽からの力が作用していなければ，ある時間間隔の間に，惑星は A から B に動きます．その時間間隔というのは，例えば1秒，または1分，あるいは1か月かもしれません．次の同じ長さの時間の間には，それは B から c に等距離だけ動きつづけることでしょう．ところが太陽からの力が B 点で衝撃を与え，ニュートンの第2法則は，太陽の方向への運動の変化を命令します．それが図の BV です．この2番目の時間間隔の間，惑星は慣性による道すじ Bc と，太陽の重力による道すじ BV を結合した道すじをとります．惑星は，上の2つの運動によってつくられる平行四辺形の対角線上の道をたどり，C 点に達します．私たちはまえに等時間間隔の間に掃いた三角形 SAB と三角形 SBC の面積が等しいことを証明しました．つまり，ニュートンは，軌道を同じ時間間隔だけ離れた一連の点（A, B, C, …）で近似し，その各点において惑星は，太陽からの瞬間的な引力によって，その慣性的な直線上から逸脱するわけです．そして，その時

間間隔が短ければ短いほど，太陽からの引力の頻度が多ければ多いほど，その飛跡は本当の軌道に似てきます．その軌道は，連続的に惑星を引っぱり，それがなければそれに沿うはずの慣性的な直線から離脱するように作用する重力によって描かれる滑らかな曲線です．この最終的な滑らかな軌道は，私たち(およびニュートンとファインマン)が示した次のような性質をもっています．すなわちそれは，等時間の間に等面積を掃きます．このことは，惑星が太陽に近づくほど，その軌道上で速く動くことを意味しています(図37(a))．

ファインマンは，この等面積の法則を証明するに当たって，ニュートンから直接とった同じ議論を用いました．ところがここで彼は，軌道を等面積ではなく，等角に分割することを選ぶのです．図37(b)に示した軌道上の2つの弓形の部分は，中心角が等しくなっていますが，それらの掃く面積は異なっています．したがって，惑星がそれらの部分を通過する時間の大きさも違っています．法則によれば，惑星は等時間に等面積を掃きます．このことは，惑星の掃く面積が半分ならば，それにかかる時間も半分になるということを意味しています．あるいは，

$$\Delta t \propto 掃き出した面積$$

ということです．

ここではとりあえず，上の軌道上の等角部分を，ニュートン型の図形上で表わすことにします．ニュートン型の図形というのは，惑星は慣性的な直線運動をし，重力が作用すると

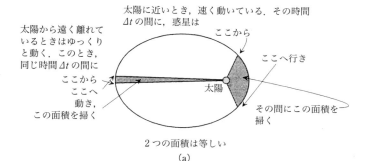

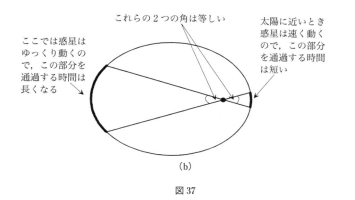

図 37

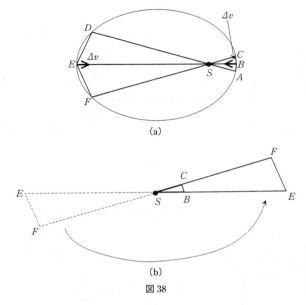

図 38

速度が変化して折れ曲がるというものです．簡単のため，その速度変化 Δv を，直接，軌道の図の上に描きます(図38(a))．太陽に近い側の軌道上では，惑星がAからBに滑走し，BでΔvだけそれ，それからまたBからCまで動きつづけます．軌道の反対側では，惑星はDからEに行き，そこで引っぱられてΔvだけ速度を変えて，またEからFまで行きます．

私たちは，惑星が，EFに沿って動いているときよりも，

BC に沿って動いているときのほうが速く動くことを知っています．どれだけ速いかをみるには，三角形 SBC と三角形 SEF の面積を比較しなくてはなりません．なぜなら，かかった時間は掃いた面積に比例するからです．ここで，これらの2つの三角形は，S において等しい中心角をもっていることを思い出します．そこで，三角形 SEF の方向を変えて，それを三角形 SBC の上に重ねます．すると，図 38(b) のようになります．それぞれの三角形の面積は (底辺) × (高さ) の2分の1です．またこの2つの三角形は相似形です．このことは，大きいほうの三角形の底辺が小さいほうの2倍ならば，その高さも2倍であり，この場合，大きいほうの三角形の面積は，小さいほうの面積の $2 \times 2 = 4$, 4倍大きいということを意味しています．一般ルールは，面積は太陽からの距離の2乗に比例するということです*．

* ファインマンは，彼の講義のなかで，この点をたった1行で言い抜けています．しかしことはそう簡単ではなく，上の話では本当の証明になっていません．ここで，もっと完全な証明を与えておきます．

いま，軌道上の任意の2つの等中心角をもつ部分を考えます (図 39(a))．三角形 SWX を，図 39(b) のように三角形 SGH の上におきます．HG に平行に，WX を横切って直線 hg を引き，図に示した2つの小さい三角形の面積が等しいようにすることはいつでも可能です (図 39(c))．三角形 Sgh は三角形 SWX と等面積です (それは小さい三角形が1つ分だけ増え，その分だけ減少しています)．そして三角形 Sgh は三角形 SGH に相似

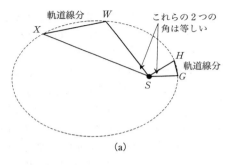

軌道線分 W これらの2つの角は等しい

軌道線分

(a)

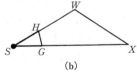

(b)

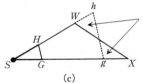

hg を HG に平行に引く。作図により、これらの2つの小三角形の面積は等しい

(c)

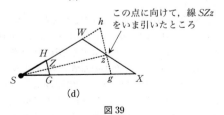

この点に向けて、線 SZz をいま引いたところ

(d)

図 39

です.さて,Sから,WXがhgと交わる点に線を引きます.その線をSzまたはSzということにします(図39(d)).それが太陽から軌道への距離です.相似三角形の性質(底辺と高さがそれぞれその大きさを増すと,その面積は,その大きさの2乗に比例して大きくなる)により,相似三角形SGHとSghの面積は,長さSZとSzの2乗に比例します.ところが三角形SWXは三角形Sghと同じ面積をもちます.したがって三角形SWXの面積もまたSzの2乗に比例します.ここで,中心角を小さく小さく縮めて,無限小にしますと,線SZzはつねにその角の内側にとどまります.そして,楕円軌道上の点WとXはどんどん近づいてゆき,長さSzは最後にはSWまたはSXに等しくなります.これはまえに私たちが,太陽からの距離とよんだものです.QED.

したがって,惑星が軌道上のどの部分を通過する時間も,それはどれもみな掃いた面積に比例します.つまり,通過時間は太陽からの距離の2乗に比例することになります.ここに軌道を分割するときの,ニュートンのやり方とファインマンのやり方を比較した図があります(**図40(a)**).

記号で表わしますと,ファインマンの図では$\Delta t \propto R^2$です.ここでRは太陽から惑星への距離です.ところが私たちは,太陽から惑星にはたらく力は,逆2乗の法則によって,距離とともに減少することを知っています.すなわち$F \propto 1/R^2$です.ここで,軌道上の分離している点での速度の変化Δvを示す図にもどりましょう(図40(b)).軌道をとりまく各点——A, B, C, D, E, F, $\cdots$,およびそれらの間のすべて

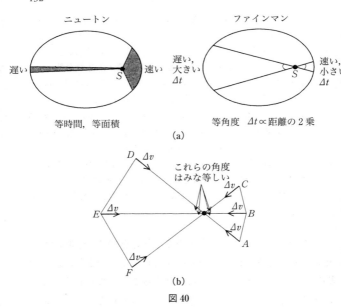

図 40

の点において，太陽の方向を向く Δv (速度変化)があります．力が大きいほど，Δv の大きさも大きくなります．また時間間隔 Δt が長いほど，速度の変化 Δv も大きくなります．つまり

$$\Delta v \propto F \Delta t$$

です．ところが $F \propto 1/R^2$ で，$\Delta t \propto R^2$ ですから

$$\Delta v \propto \left(\frac{1}{R^2}\right) \times R^2 = 1$$

このことは, Δv が R にまったく依存しないことを意味しています. 軌道上のどこでも, 太陽から近かろうが遠く離れていようが, 与え

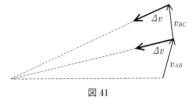

図41

られた「角度」のなかでつくられる Δv はみな同じ大きさです. いま見たように, このことは惑星が太陽から離れると, それに作用する力は(距離の2乗で)弱くなり, 一方, 力が惑星にはたらいている時間は(これもまた距離の2乗で)長くなることによって生じたことです. 結果は, 軌道のまわりのどこでも, すべての Δv はみな等しいということです. このことについてファインマンは, 彼の講義のなかで,「これこそ, すべてを導き出す核心である. 速度の変化が等しいというのは, 軌道上の等角度を通り抜けることによっておきることである」といっています.

　これが意味することを正確に把握するために, しばらくニュートンによりスケッチされ, ファインマンによってコピーされた図にもどってみましょう(図41). このとき, 惑星の位置よりも, その速度を示すことにします. この図でのニュートンのやり方は, 時間間隔をすべて等しくとります. そして, すべての Δv はみな太陽の方向を向いていますが, ある Δv は他のものよりも大きくなっています(いちばん大きい Δv は, 惑星が太陽にいちばん近づいているときです). 一方,

ファインマンのやり方では、中心角がみな等しく、したがって、時間間隔は違っています。Δv はみな太陽の方向を向いています(ニュートンの第2法則によって、そうでなくてはなりません)。そしていまの場合には、それらは、「太陽のまわりの軌道上のどこでも、みな大きさが等しくなっています」。

この時点でファインマンは、彼の講義のノートに、きわめて慎重に、等角度部分に対する軌道の図と、それに対応する速度図をスケッチしています。その証拠が図42(a)にあります。軌道は位置 J から出発し、太陽とある角度をつくって K に行き、そこでその方向を変えて速度変化 Δv を受け、そして前と等しい角度だけ曲がって K から L に真直ぐに行き、それから L を通って M に行きます(図42(b))。

ニュートンの解釈と違って、この図形の各部分の時間間隔は必ずしも等しくはありません。それぞれの速度は、JK、KL、…の方向を向いています。それらは一般に違う部分上では異なる大きさになっています。速度の変化は、J、K、L および M の各点で起き、それらはみな太陽の方向を向いていて、大きさはみな等しくなっています。言い換えますと、J 点には JS 方向の Δv があり、K 点では KS 方向に同じ大きさの Δv を生じます。以下同様です。これらの事実を用いてファインマンは、速度図を作ります(図43(a))。軌道図上では、惑星は J から K に速度 v_J で動きます。速度図のほうでは、v_J は JK と同じ方向を向いていますが、その長さは JK

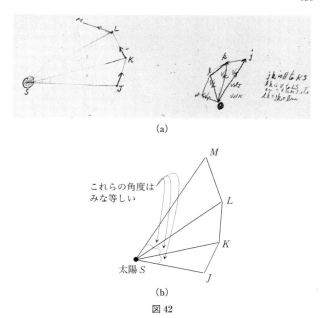

(a)

(b)

図 42

とは同じではありません．K 点には，KS の方向に Δv があり，それは速度図の j 点から k 点まで距離 Δv だけ動きます．このとき速度は v_K になります．この手続きを，次のステップでもつづけます．軌道図上の 2 番目の部分は，K から v_K に平行に L 点まで，角 KSL が角 JSK に等しくなるように描かれます（図 43(b)）．ここで速度図上の l 点を見つけるに

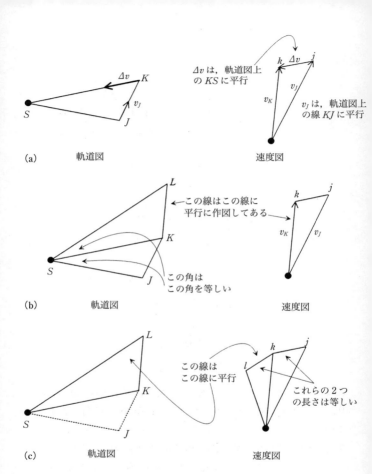

図 43

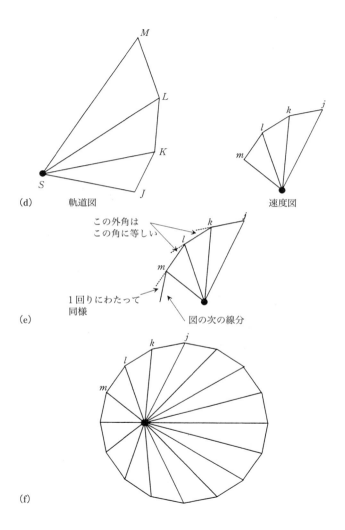

は，jk のときと同じ大きさの Δv を LS に平行に加えればよいわけです（図 43(c)）．同じ手続きを，軌道上のいたるところで繰り返すことができます．こうして，次のステップで，ファインマンが彼のノートにスケッチした図形が得られました（図 43(d)）．ファインマンがそのノートに書いたように，このとき jk は KS に平行，kl は LS に平行，lm は MS に平行で，長さについては $jk = lk = lm$ です．

速度図のそれぞれの辺（$jk, kl, lm, \cdots$）は，軌道図上の太陽 S から放射されている線の1つに（例えば jk は KS に）平行です．太陽から出ている線は，等しい角度で作図されているので，速度図での辺もまた等しい外角をもっています（図 43(e)）．

速度図が完成されると，それは長さの等しい辺と，大きさの等しい外角をもつ図になります（図 43(f)）．ここで，完成した速度図の原点から，j, k, l の各点までの距離である速度それ自身の大きさは等しくはありませんが，その辺はみな等しくなっています．こうして得られた図形は正多角形です！ 速度の原点は中心にはありませんが，外側の図形そのものは正多角形です．

ここでいつものように，軌道図を，大きさは等しいけれど，より小さな角度の多数の部分に分割したとします．すると軌道は滑らかな曲線に近づきます．速度でもそうなります．速度図は正多角形ですから，その正多角形は滑らかな円に近づきます！ しかし，速度の原点は必ずしも円の中心にはあり

ません.

この時点でファインマンは,彼の講義のノートに,軌道図と速度図を滑らかな曲線として描きました. はじめに軌道図. それはJ点から出発します. そしてファインマンは,普通そうするように,太陽からの線を水平方向に延長して,その上にJ点をとりました(図44(a)). 分割された軌道の部分図とは対照的に,J点における速度を垂直方向にと

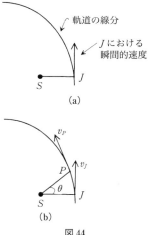

図44

り,それは太陽からの線に直交しています. ある時間を経た後には,惑星は,太陽から見て角度θの点Pに到達します(図44(b)). その各点において,その瞬間的速度は滑らかな曲線に接しています.

さて,これに対応する速度図を作図しましょう. それは原点Oから外れたところに中心Cをもつ円です(図45(a)). v_Jを表わすために描く線の長さは,軌道上のJ点における惑星のもつスピードによります. ここで,速度図上では,その長さが長いほど,そのスピードは大きくなっていることを思いおこしましょう. ファインマンの軌道図上のJ点は,太陽にもっとも近づいた点です(ファインマンは,講義のなかでこ

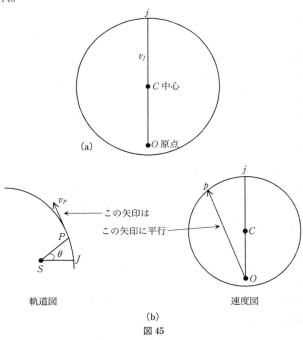

軌道図　　　　　　　　　速度図
(b)
図 45

のことを断わらずに，その頭のなかでそう決めていました）．
その点での軌道上の速さは最大です．したがって，v_J の線は
円の中心 C を通らなくてはなりません．なぜなら，それは
速度図上での最長の線でなくてはならないからです．このよ
うに描くと，v_J は（軌道図の v_J に平行に）垂直の方向を向い
ています．それは，原点 O から円周上のどの点に引いた線

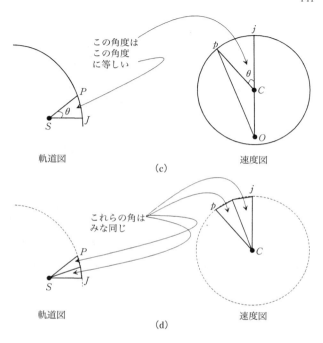

よりもいちばん長くなっています．そして，軌道図上の P 点に対応する速度図上の p 点における速度は，軌道図上の v_P に平行に，原点 O から円周上に引いた線で表わされます（図 45(b)）．また，速度図上の角 jCp は，軌道図上の角 JSP と同じ大きさ θ になります（図 45(c)）．これも本当です．その理由は，軌道を線分で分割したときの完全な速度図——正

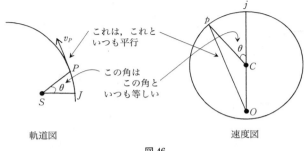

軌道図　　　　　　　　　　　速度図

図46

多角形——にもどって，速度の矢印ではなく，正多角形の中心 C から外向きに線を引いてみれば分かります（図45(d)）．軌道は，等角度のある数に分割されています．それは全体で360度でなくてはなりません．正多角形もまた等しい長さの同数の辺をもっています．そして，そのそれぞれは360度を同じ数で割った角度を占めます．したがって，SJ から測った軌道上の任意の点 P までの角度は，速度図上の Cj から，P 点に対応する点 p までの角度と等しくなっています．

これまでの結果は，ファインマンによりスケッチされた次の一対の図形にまとめて示されています（図46）．

こうして，2つの図形の間の対応関係が確定したので，こんどは逆に，速度図から出発して軌道図を作図することができます．出発点として速度図をとったほうがよりやさしいわけです．なぜなら，それは円そのものであることを，私たちは知っているからです（図47(a)）．ニュートンの法則と重力

の法則によって許される軌道は，どれもみなこれと同じ円形の速度図をもっています．軌道の正確な形は，私たちが速度の原点 O をどこに選ぶかに依存しています．いま，速度円のなかに任意の1点をとります(図47(b))．これは，円の内側の任意の点ですが，中心 C の位置にはないとします(その点が C の位置，あるいは円周上，または円の外側にあるときにはどうなるかは，あとで分かります)．

ここで単に慣れているという理由だけで，図全体を，その選ばれた点が C の真下にくるまで回転します(図47(c))．この選ばれた点は速度の原点としての役割を担うことになります．つまり，そこから円周上の任意の点に引いた線は，軌道上のそれに対応する点における惑星の速さに比例する長さをもっています．そして，軌道上のその点における惑星の運動と同じ方向にあります．すでに注意したように，その原点 O から中心 C を通って円周まで引いた線はもっとも長い線で，それは軌道上で惑星がいちばん速く動く点を表わしています(図47(d))．等面積の法則によって，この点は軌道上で太陽にもっとも近接している点になっています．ファインマンと同様に，私たちもその近接点から太陽への線を水平に描き，そこでの惑星の速度を垂直にします(図47(e))．(これが，速度図の原点 O を，円の中心 C の真下になるように回転した理由です．) さてここで，原点 O から，円周上の任意の点 p へ1本の線を引きます(図47(f))．この点は，軌道上の1点 P に対応し，それは次のような性質をもっています．

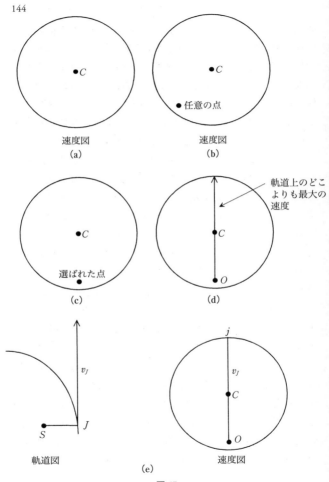

図 47

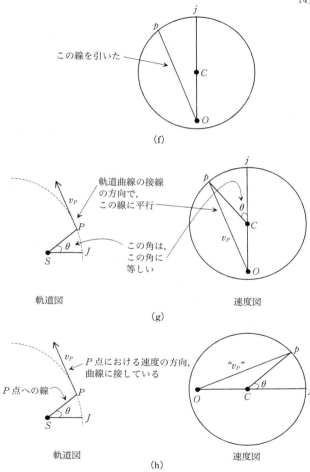

つまり，速度図上で原点 O から p へ引いた線は，軌道図上の点 P における接線に平行であり，そして角 jCp は，軌道図上の角 JSP と同じ大きさです(図47(g))．したがって，それぞれの角 θ での，いま作図しようとしている軌道の接線の方向が分かっているわけです．どうやったら，その軌道曲線を作図できるでしょうか．

ファインマンはその講義の終わりのほうで，「それを見つけるのがいちばんむずかしかった」と私たちに話していました．その秘策というのは，速度図上の方向を，軌道図上と同じになるように，速度図を時計の針の進行方向に90度回転することなのです(図47(h))．こうしますと，中心角 θ は両図上で同方向になります．しかし，軌道図上の P 点の速度と平行であった "v_P" と印をつけた線は，こんどは，それに直交することになります．それは速度図全体を90度回転したからです．この速度図から，太陽 S から軌道上の P 点への方向が分かります(それは Cp と同方向)．そして，その点における軌道の接線の方向も分かります．それは印をつけた線 "v_P" に垂直です．それでもまだ，その点 P (惑星の位置)がどこにあるかは正確には分かりません．

要求されるすべての性質をもつ曲線を構成するいちばん容易な方法は，速度図の真上に軌道図を重ねてしまうことです．そのとき，軌道の大きさは任意(不定)になりますが，すべての方向，したがって軌道の形としては正しいものが得られます．その軌道を得るためには，単に原点 O と点 p の間の線

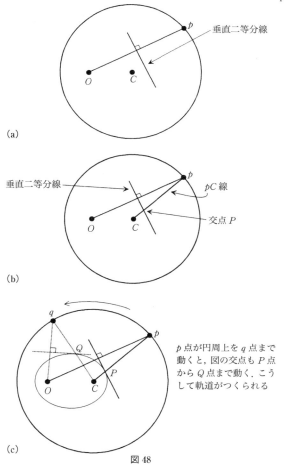

図 48

分の垂直二等分線を作図すればよいのです*(図48(a)).

この線は, O から p への線に垂直ですから, それは軌道上の P 点における速度 v_P に平行になっています. ある点で, その垂直二等分線は p と C を結ぶ線と交わります(図48(b)).(この交点が P 点で, それが惑星のその瞬間の位置です.)p 点が円周上を1回転しますと, それに伴って, Cp 線と垂直二等分線の交点 P もまた, それ自身の曲線上を1回りすることになります(図48(c)).

*(訳者註) 本文では, なぜ垂直「二等分線」をとるのかその説明がありません. 垂直条件は, 速度図を90度回転したことからくるものですが, それが Op の二等分線でなければならない理由は何でしょうか.

ここで, P 点の動きが惑星の軌道となるための条件をもういちど説明しておきましょう. その条件の第1は, 惑星は図の Cp 線上にあることです. これは, 軌道図上の太陽から見た惑星の角度 θ の大きさが, 速度図上の角度 jCp と同じであり, これらの2つの図形を重ね合わせたことからきます. 第2の条件は, 惑星の速度は Op 線に直交していることです. これは, 速度図を90度回転したことからきます. 第3の条件は, その垂線が P 点において軌道曲線の接線になっていることです.

第1と第2の条件は, P 点を Op の垂線と Cp の交点にとることによって満たされます. これらの2つの条件を満たすには, 垂線が垂直「二等分線」である必要はありません. 問題は第3の条件, つまり, その垂線が軌道曲線の P 点での接線になっているかどうかです.

そこで次の図をごらんください. 図の直線 tP は Op の垂直

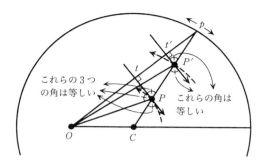

二等分線です．また線 $t'P'$ は任意の垂線です．tP のときには，図に印をつけた角はみな等しくなり，p 点の移動に伴って描かれる P 点の曲線(図の破線)は，すぐあとの本文の説明にもあるように，P 点で垂線 tP に接しています．ところが，二等分線でないときには，垂線 $t'P'$ は P' 点の描く曲線(破線)を左上から右下へ横切って，これは破線の軌道の P' 点での接線にはなりません．それは，角 $t'P'O$ が角 $t'P'p$ よりも大きいからです．また，反対に，t' 点を図の Ot の間にとりますと，その垂線は逆に P' 点の描く曲線を左下から右上に横切ります．このときには，角 $t'P'O$ が角 $t'P'p$ よりも小さいからです．垂線が軌道曲線を横切らないのは，その中間，つまり垂直「二等分線」をとったときだけです．これが垂直二等分線を選ぶ理由なのです．

前にもいちど，私たちはまったく同じ作図をしたことがあります．まず平面上の2点 F' と F (それぞれ新しい図の原点 O と中心 C に対応する)から出発し，F' から1点 G' (新しい

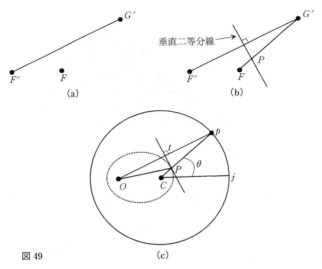

図49

図の p に対応)へ線を引きました(図49(a))．それから，$G'F'$ を結んで，$F'G'$ の垂直二等分線を引きますと，これは FG' と P 点で交わります(図49(b))．次に，点 G' が F を中心とする円周上を1回りすると，点 P は1つの楕円を描きます．そしてその垂直二等分線は，P 点で楕円の接線になっていました(87ページ〜91ページ)．

こうして私たちは，ただ点の名前を変えただけで，前とまったく同じ作図をもういちどやったわけです．ここに新しい図を示しておきます(図49(c))．ここで p は，C を中心とする円周上の点です．また中心 C を外れた点があり，それは

速度図の原点で，それを O とします．線分 Op の t 点での垂直二等分線をとると，これは Cp 線と P 点で交わります．ここで私たちは，p 点が円周上を回転するのに伴って，上のようにして決められた点 P が楕円をつくること，それから線 tP が P 点において，その楕円に接していることを，もう一度証明します．惑星がその軌道上の P 点にいるとき，tP は惑星の速度に平行していますから，私たちは，一義的に決まる曲線を作ることができ，惑星はその軌道上を正しい方向に動くわけです．

この曲線が楕円であることを証明するには，三角形 OtP と三角形 ptP が合同であることに注目します(図50(a))．したがって，$OP = pP$ です．そして，全体図(図50(b))において，CPp は円の半径であり，したがって，p 点が移動しても同じ長さを保ち，またこれは $CP + PO$ に等しくなっています．これは，楕円をつくる焦点 C と O を結ぶ糸の長さです．したがって，点線で示した曲線は楕円です．QED．垂直二等分線 tP が P 点における楕円の接線であることを証明するには，前に述べた2つの合同な三角形にもどります(図50(c))．まず，線 Pp と線 tP を延長して交わらせます．すると図50(d)のようになり，したがって，図50(e)となり，tP 線は P 点において，C から O への光を反射する線になっています．ずっと前に証明しましたように，このような性質をもつ線 tP は，楕円の接線です．これですべてが終了しました．QED．

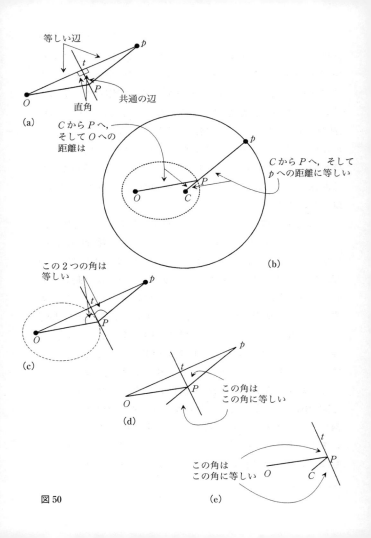

図 50

3 楕円の法則のファインマンの証明　153

　これで証明が完了しました．ファインマンの話は，これで全部終ったわけではありませんが，私たちがやろうとしたことは完全に達成されました．ニュートンの法則と太陽に向かう逆2乗の重力を一緒にしますと，惑星の楕円軌道が導かれます．この問題を離れるまえに(ニュートンとファインマンの助けを借りて)，私たちをしてこの英雄的な芸当を達成させた議論の論理をもういちど振り返ってみましょう．

　ニュートンは，次のようなことを言っています．

　「惑星が等時間に等面積を描くという事実から，私は，私の法則を用いて，惑星への太陽の重力が太陽の方向に直接向いていることを推論しました．それから，惑星の軌道周期が太陽からの距離の2分の3乗に比例するという事実から，私の法則を利用することにより，重力が距離の2乗に反比例して減少することを演繹しました．そして最後に，私の法則と重力に関する上の2つの事実(方向と大きさ)とから，楕円軌道を説明することができたわけです．」

　ニュートンは，本当は問題をそのように考えたのではありません．彼の仕事のずっと前の文書(例えば，彼が1684年にハレーに送った簡潔な論文)から分かるのですが，彼は力学の公理系をいろいろな形で試しています．そして後になって，彼は，その公理の数を減らして3個に帰着させ，それらを「法則」として用いることを始めたのです．力学のすべてを3個の基本法則に帰着させる行為は，きわめて重要なことでした．なぜなら，ニュートンとその後継者たちは，それにつ

づく3世紀にわたって、これらの法則が惑星の運動だけでなく、物理的世界のほとんどすべての現象を、同じように説明するのに利用できることを示すことになったからです。ニュートンの法則は、物体に力が作用すると、その物体がどのように振る舞うかを私たちに教えてくれます。しかし、物理的世界に関して、私たちが知る必要があるのに、ニュートンの法則が教えてくれないことが2つだけあります。それは、物質の本性は何かということと、物体の微小部分間にはたらく力の本質は何かということです。この2つの質問は、現在でもまだ、物理科学の中心課題となっているのです。

この世界を理解するための強力な全体的な再構成は、楕円運動の証明から始まります。この場合には、物質の本性に関して多くのことを知る必要はありませんでした。なぜなら、重力はすべての物体に正確に同じように作用するからです。しかし、重力の性質は非常に重要なものです。それは、ニュートンがケプラーの法則の2つを利用して導いたものです。

最後に私たちは、もともとのニュートンのやったやり方ではなく、リチャード・ファインマンのやったやり方での楕円軌道の証明を見てきました。ファインマンは、軌道を等角度に分割しました。それぞれの等角度の部分において、速度の変化は太陽の方向を向き、その変化は力の強さと、その力がはたらく時間に比例しています。これがニュートンの第2法則です。その時間は掃いた面積に比例し、それは(純粋に幾何学によって)距離の2乗に比例します。一方、力は距離の

2乗に反比例します(これは重力の性質です).こうして,惑星が太陽の近くの,あるいは遠くのどこをさまよっていようが,それに関係なく,惑星は等しい角度の間に等しい速度変化を受けます.このことからただちに,速度図が正多角形(等角度で等辺)であり,それは滑らかな軌道に対しては円になることが示されます.しかしこのとき,速度図の原点は「その円の中心にはありません」.そこで,あらかじめ抜け目なく用意されていた幾何学的作図の助けをかりて,惑星の軌道が,速度円の原点とその中心を焦点とする楕円の形をとることが示されたわけです.

　速度円は強力な幾何学的道具です.ニュートンの力学的法則と,逆2乗の力を利用すると,いつでも円形の速度図を得ます(図51(a)).軌道の形は,速度図の原点 O がどこにあるかによって変化します.原点 O が速度円の中心 C に一致するときには,楕円の2つの焦点は一致し,その惑星は軌道上のどこにあっても同じ速さをもちます(図51(b)).

　点 O が中心 C と円の周囲の間のどこかにあるときには,その軌道は楕円です.O が C に近づくほど,楕円は円に近づきます.O が C から離れるほど,楕円の形はのびていきます(図51(c)).私たちの太陽系の場合,どの惑星の軌道もみな円に近いものです.地球の場合,焦点間の距離は,軌道の直径の約1パーセントです.火星では約9パーセント,水星と冥王星(これらの軌道はいちばん離心的です)は20パーセントよりも少し大きいものです.これに対照的なのがハレ

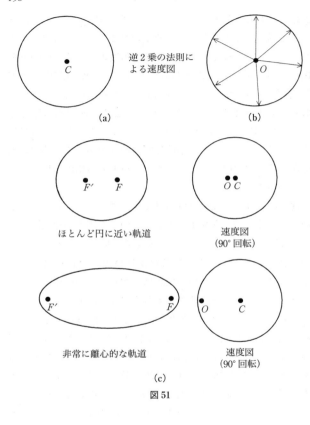

図 51

一彗星で，それはきわめて離心率の大きい楕円軌道をとります．その焦点間の距離は，その軌道の直径の97パーセントにも達します．

　原点 O が速度円の外側にあったらどうなるでしょうか．90度回転する前の速度図にかえってみましょう．そのときでも，軌道にもっとも近づいた点で最大速度になります(図52(a))．角 θ が増大するのに伴って，速度はその速度円の円周上を回ります(図52(b))．そして，θ のある値で，原点 O から引いた線は速度円の接線になります(図52(c))．ここで，この線は軌道上の瞬間的な速度に平行であり，そしてまた，速度図への接線は軌道図の Δv の方向であることを思いおこしましょう．Δv は速度の変化を表わしています．言い換えますと，この角度 θ で，速度の変化は速度自身と同じ方向を向いています．このことは，速度がもうその方向を変えないことを意味しています．このとき，道すじはもはや曲線ではなくなり，それは直線です．したがって，その「軌道」は楕円ではありません．楕円上では，道すじが直線になることは決してありません．そうでなく，それは，円錐曲線のうちのもう1つの曲線の双曲線です．双曲線の場合，その焦点から遠く離れると直線になってしまいます(図52(d))．この軌道上では，「惑星」は無限の遠方から太陽に向かって落下してゆき，太陽のまわりでくるっと回って，無限遠方に遠ざかってゆきます．その道すじは閉じた軌道ではありません．その速度は，原点 O からそれが速度円に接した点までの長さ

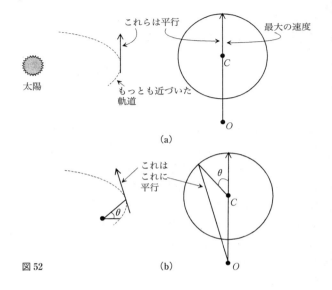

図 52

に比例します.

原点 O が円周上にあるときには,その「惑星」も無限遠方に逃げ去りますが,その惑星が無限遠方に達したときの速度はゼロです.この軌道は放物線です.したがって,逆2乗の力と結合したニュートンの法則は,円形の速度図を与え,速度図の原点 O がどこにあるかにより,その軌道は,円,楕円,放物線,あるいはまた双曲線のどれかになります.これらの曲線は,まとめて円錐曲線という名でよばれているものです.

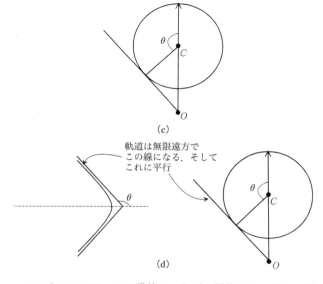

(c)

軌道は無限遠方でこの線になる．そしてこれに平行

(d)

ファインマンは，この講義のいちばん最後のところで，話を変えて，まったく別の種類の問題を展開しました（彼はそのための時間を残しておいたのです）．この問題もまた歴史的に重要な意味をもつものでした．

1910年，2人の研究者，アーネスト・マースデンとハンス・ガイガーは，彼らの指導者アーネスト・ラザフォードの提案にしたがって研究を進めていました．そして，アルファ粒子（ヘリウム原子の原子核）のビームを薄い金箔にぶつけると，それらのうちのいくつかは金箔を通り抜けないで，後ろ

側にはね返されて出てくることを発見したのです．この実験は，太陽系の質量が一様な球状の固まりの中に拡がっているのか，それとも，その質量の大部分が中心の小さい物体(太陽)に集中しているのか，そのどちらであるかを決定するために，その太陽系に彗星を発射するのと非常によく似ています．小さくまとまった物体のときだけ，彗星の方向を大きく変えて，それを投げ返してくる可能性があります．ラザフォードのグループは，彗星のかわりにアルファ粒子を，また太陽系のかわりに金の原子をもってきたわけです．問題は，原子内の物質は，(その当時の理論で考えられていたように)原子の内部に一様に拡がっているのか，それともその中心に集中しているのかでした．アルファ粒子のうちの何個かが後ろ向きにはね返されてくるという事実は，原子の質量の大部分がその中心に集中していなくてはならないことを示していました．そして，この実験が原子核の発見につながったのでした．

　この場合，入射粒子と系の構成物の間にはたらく力は，重力ではなくて，電気的な力です．電気力は，正または負の電荷(これは，18世紀の独学のニュートン科学者，ベンジャミン・フランクリンによってつくられた造語です)の間にはたらく力です．重力と同様に，電気力も逆2乗の力で，それは電荷をつなぐ線に沿って作用します．ただ重力のときと違って，お互いの方向に向かって作用する引力(異符号の電荷のとき)か，または斥力(同符号の電荷のとき)のどちらかです．

重力はいつでも引力であり,決して斥力にはなりません.その電気力は,重力よりもものすごく強力なのです.事実,それはあまりにも強力なので,自分の力で中和してしまいます.金箔のなかの原子はみな,正確に同量の正の電荷と負の電荷をもっています.そのため,外から見ると原子は中性です.そのためそれが外から攪乱されない限り,電気力を外に及ぼすことはありません.問題は,電気を帯びた入射粒子 —— 正に帯電したアルファ粒子 —— が,原子内に投入されたら何がおきるかということです.その答は,それが原子核によってはね返されるということです.この原子核は,原子の正電荷のすべてと,その質量のほとんど全部を保有しているのです.ときおり,まったく偶然にアルファ粒子が原子核に十分に接近しますと,それはほとんど真後ろにけり返されます.これがマースデンとガイガーが観測したことなのです.

電気力は,電荷間の線に沿って作用する逆2乗の力ですから,もしそれらの粒子がニュートン力学にしたがうならば,ファインマンが以前に用いた幾何学的な議論のすべてが,この問題にも適用できるわけです.その問題は,1個の入射粒子がけり返されてくる確率を求めることです.したがって,実験結果は定量的な理論と比較することができます.その出発点は,円外に原点 O をもつ速度図の円です(これは,粒子間の線に沿う逆2乗の力なら,どんな力に対しても成立します).アルファ粒子の「軌道」は,核の近くに永久に捕われた楕円ではなくて,双曲線です.双曲線は,その軌道を,あ

る大きな角または小さな角で曲げて，そのあとでアルファ粒子を無限遠方に送り出していくでしょう．ここではすべてのステップを踏むつもりはありません．なぜなら，ファインマンは，この問題に関しては，もう幾何学的な議論に固執するつもりはなかったからです．彼は，彼のいう非常に有名な公式に到達するためのすべての数学的な障害物を，ここではもう除去してしまったからです．

　その公式というのは，まさにその名声に値するものです．なぜなら，それは量子力学の発見に直接につながっていて，またさらにそれは，その公式に到達するために利用されたニュートン力学の打倒への道に導くものだったからです．いまや，大先生の手に直接ゆだねるべきときがきました．お入りください，ファインマン先生！

4

太陽のまわりの惑星の運動

(1964 年 3 月 13 日)

　この講義の題は,「太陽のまわりの惑星の運動」というものである.諸君が,たったいま聞いたばかりの悪いニュースのすぐ後,私は諸君に,同じ理由によるよいニュースを伝えよう.というのは,火曜日に試験があるというので,諸君が勉強をしなくてはならないような講義を今日もやるのは誰も望まないということだ.そこで私は面白半分に,諸君のお楽しみを目的としてこの講義をやろうと思っているというわけだ.(拍手)　もういい,もうよい.うまくいけばよいが,失敗するかもしれないからね.だから,講義が終るまで待ってくれ.話が終了してから,拍手するかどうかを決めることだね.

　いま取りあげた問題に関する物理の歴史は,そのとき,きわめて劇的な瞬間をむかえた.それは,ニュートンが突如として,ほんのわずかのことからきわめて多くのことを理解した瞬間だったのである.もちろん,この発見の歴史は長い物語であって,それはコペルニクス,ティコ(ブラーエ)が惑星の位置を観測し,ケプラーがこれらの惑星の運動を記述する法則を経験的に発見した話である.ニュートンが,これとは別の法則を述べることによって,惑星の運動を理解できることを発見したのは,その後のことである.諸君は,重力についての講義で,もうすでにこのことについては知っているはずである.そこで私は,問題の所在をざっと概観して,そこ

から話をつづけることにする．

まず第 1 に，ケプラーは，惑星が太陽のまわりを，太陽を焦点とする楕円を描いて動いていることを発見したのだった．それだけでなく彼は，惑星の軌道を記述する 3 つの法則を発見したわけである．2 番目は，太陽から惑星の軌道に引いた線によって掃かれる面積は，時間に比例することを知った．最後に，異なる軌道上を運動する惑星間の関係を得るために，彼は，それぞれの軌道上の惑星の周期，あるいは軌道を 1 回りする時間が，楕円の主軸の 2 分の 3 乗に比例することを発見したのだった．仮に（話をやさしくするために）軌道が円だとすると，この法則は，その円を 1 回転する時間の 2 乗が，円の半径の 3 乗に比例することを意味している．

さてニュートンは，このことから 2 つのことを発見することができたのである．その第 1 は，彼の慣性に関する見解に基づくもので，物体は，それが外から攪乱されることがなければ，一様な速度で一直線上の運動を継続し，一様な速度からの逸脱があれば，それはつねに太陽の方向を向く．そして，等面積・等時間ということは，惑星に作用する力が太陽の方向を向いているということと同等のことであることに気づいたである．したがって，彼は，力が太陽の方向を向くということを導くために，ケプラーの法則の 1 つをすでに利用していたのである．それから —— とくに円形軌道という特別な場合に対して第 3 法則を適用することにより —— そのような円の場合には，太陽の方向の力が距離の 2 乗に反比例する

ことは容易に示すことができる.

その理由は，次のようなものである．1つの円軌道のある一部分，ある決まった角，小さな角の部分をとったとしよう．すると，粒子は軌道上のある部分ではある速度をもち，他の部分では別の速度をもつといった具合になる．すると，ある固定した角に対する速度の変化は，明らかにその速度に比例する．そして，ある時間間隔の間の —— 一定の時間の間の —— 速度変化は明らかに，軌道上のその部分の一定の速度に，軌道のその部分を通り抜ける時間を掛けたものに比例する．なお力は，それをその時間で割ったものに比例する．なぜなら，それは，軌道全体の100分の1のような固定した角度だから．それゆえ，中心方向への加速度，あるいは中心方向への速度の1秒当たりの変化は，軌道上の一定速度を，それが軌道上を1回りする時間で割ったものに比例することになる.

諸君は，それをいろいろな異なった形で書くことができる．なぜなら，惑星が軌道を1回りする時間は，上の関係により速度と関係しているからである．そのスピード掛ける時間は，まわりの距離，あるいはむしろ，そのスピード掛ける時間は半径に比例する．したがって，その時間を代入すれば，諸君の見慣れた v^2/R が得られる．あるいは，それよりもよいのは速度 R/T を代入することである．その速度は明らかに，1回りする時間でその半径を割ったものに比例している．したがって，中心方向の加速度は半径に比例し，1回りの時間の2乗に反比例する．ところがケプラーによると，1回りの

時間の2乗は半径の3乗に比例する．つまり，分母は半径の3乗に比例し，したがって中心方向への加速度は，距離の2乗に反比例することになる．こうしてニュートンは，この力が距離の2乗に反比例することを推論することができたのである――本当は，ロバート・フックが同じようにして，ニュートンよりもはやく同じ結果を導いていた．したがって，ケプラーの法則のうちの2つから，2個の結論を得ただけのことである．こんなやり方では，誰も新しいことを明らかにすることはできやしない．この話は，とくに面白いことは何もない．なぜなら，導入した仮定の数，あるいは用いた推測の数と出てきた事実の数が等しいからである．

　一方，ニュートンの発見したことは――そして彼の発見のいちばん劇的なことは――第3法則〔ファインマンは間違えて第1法則のことを第3法則と言っている〕は，その他の2つの結果であるということだったのである．力が太陽の方向を向いている．そしてその力は距離の2乗に反比例するということが与えられたとして，軌道の形を決めるために，いろいろな変化と速度との微妙な組み合わせを計算することにより，それが楕円であることを発見したのはニュートンの業績である．それゆえにこそ，ニュートンは科学が前進したと感じたのである．なぜなら，彼は2つのことから3つのことを理解できたからである．

　諸君もよく知るように，最終的には彼は，3つのことよりももっとたくさんのことを理解したのである．すなわち，惑

星の軌道は本当は楕円ではなく，惑星はたがいに攪乱し合うこと，木星の衛星の運動もまた理解できたこと，地球のまわりの月の運動，などである．しかしここでは，他の惑星との相互作用を無視して，1つの惑星の運動という1つのことがらに話を集中することにする．

ニュートンが言ったこと，そして1個の惑星に関してやったことは，次のようにまとめることができる．それは，等時間での速度の変化はみな太陽の方向を向くこと，それからその大きさは距離の2乗に反比例することである．われわれのいまの問題は，そのことから，軌道が楕円であることを証明することである．それがこの講義の主な目的なのである．

諸君がその計算法を知っていれば，それはそれほど難しいことではない．いくつかの微分方程式を書き出して，それを解き，それが楕円であることを示せばよい．これまでのここでの講義で ── 少なくとも書物で ── 諸君は数値的方法を用いて軌道の計算をし，それが楕円のような形であることを知っていると思う．しかしそれは，正確に楕円であることを「証明」することとは，厳密には同じことではない．数学教室の連中は，それが楕円であることを証明するという仕事をいつでもおき去りにしている．ということは，彼らが微分方程式というものと何か関係をもっているということである．(笑い声)

私は，諸君がいつもやっているのとはまったく違う，見たこともないユニークなやり方で，それが楕円であることを証

4 太陽のまわりの惑星の運動　169

明するつもりだ．これから私は，私が初等的証明とよんでいるものを諸君に与えようと思っている．しかし，「初等的」ということは分かりやすいということを意味しているわけではない．「初等的」ということは，それを理解するために要求される予備知識が非常に少しでよいということを意味している．ただし，限りない知性が要求される．初等的証明を理解するのには，かならずしも知識は必要としないが，知性が必要なのである．ついていくのが非常に難しいステップがたくさんあるかもしれないが，それぞれのステップはその計算法だの，フーリエ変換だの，その他のことを前もって知っている必要はない．したがって，初等的証明とは，これまでにどれだけのことを学んできたかに関しては，できるだけ後もどりすることを意味している．

　もちろん，この意味での初等的証明は，まず最初に諸君に計算のやり方を教え，それからその証明をするというやり方でもできるわけである．しかしそれでは，いま私がやろうと思っている証明よりもずっと長いものになってしまうだろう．第 2 に，ここでの証明は，別の理由で興味がある．——それは完全に幾何学的な方法を使うという点である．たぶん，諸君のうちの何人かは，学校で習った幾何で正しい補助線を見つけるのが大好きだったり，あるいはそういう才能をもっていて，喜んでいることだろうと思う．幾何学的証明の優雅さと美しさは，多くの人によって高く評価されている．一方，デカルト以後，すべての幾何学は代数に帰着され，現在では，

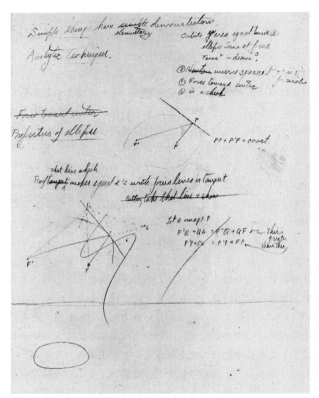

ファインマンの講義のはじめの注意についてのノート，1964年

4 太陽のまわりの惑星の運動　　171

すべての力学やそういったものはみな,幾何学的方法ではなく,何枚かの紙上に書かれた数式という記号を用いる解析に変えられてしまっている.

　ところが,われわれの科学の出発点では——つまり,ニュートンの時代には——ユークリッドの歴史的伝統にしたがって,幾何学的分析法が行なうきわめて一般的な方法だったのである.そして事実,ニュートンの『プリンキピア』は,事実上,完全に幾何学的方法によって書かれている.すべての計算は幾何の図形をつくることによってなされている.いまではそれを,黒板に数学的記号を書くことによってやっているのである.しかしここでは,諸君の楽しみと好奇心を満たすため,きれいな自動車ではなく,その優美さのゆえに馬車に乗ってもらいたいのだ.そういうわけで,われわれは純粋に幾何学的な議論により,この証明へのドライブに出発しようとしているのである.そう,基本的に幾何学的議論によって.というのは,私は幾何学的議論とは何を意味するのか,詳しいことは何も知らないからである.しかし,基本的に幾何学的議論のもとに話を進める.そして,それをどれだけうまく乗りこなせるかを見ることにしよう.

　そこで,われわれが取りあげる問題は,もし,速度の変化が太陽の方向を向き,それが同時刻における距離の2乗に反比例する,ということが本当なら,その軌道は楕円であることを証明することである.それにはまず——われわれはともかく何かから出発しなくてはならない——われわれは,楕円

とは何かを知っていなくてはならない．楕円の利用可能な定義がなかったら，理論を展開することは不可能となってしまう．そしてさらに，諸君がこの命題のもつ意味を理解できなければ，それに関する定理を証明することも，もちろんできるはずがない．それで，諸君の多くはこういうだろう．「ええそのとおりですよ．しかし，先生のほうは，楕円について何かを知っていなくてはなりませんよ」と．分かっている．諸君にすれば，それ以外は言いようがない．しかし諸君のほうもまたそれを理解しなくてはならない．これもまた本当だね．しかし，それ以上のことについて，もっと多くのよぶんな知識を必要とするとは私は考えていない．しかし，どうか十分な注意力をもち，そして自分でよく考えてもらいたい．それはやさしいことではなく，ずいぶん難しいことだ．それでいて，それはそんなにやる価値のあるものでもない．計算でやったほうがずっとやさしいのだが，諸君はともかくそのやり方で，ものごとを始めようとしているわけだ．そして，いまこそ，それがどんなことになるかを知るときであることを憶えておいてもらいたい．

　楕円を定義するには，いくつかの方法がある．私は，それらの定義のうちの1つを選ばねばならない．そこで私は，誰にとってもいちばん親しみ深い定義は次の定義であると仮定し，それを採用することにする．それは，楕円は次のようにつくられる曲線，つまり，1本の糸と2個の画びょうをもってきて，1本の鉛筆をこう置いて，そうして，ぐるっと回す

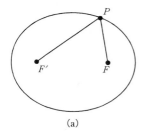
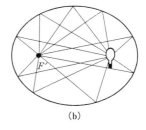

図53

ことによってつくられる曲線であると仮定する(図53(a)). あるいは数学的には，それは軌跡である(近頃の数学者は，すべての点の集合という)——よろしい．すべての点の集合——距離 FP と距離 $F'P$ の和(F と F' は2つの固定点である)が一定に保たれるような点の集合である．私は，諸君が，これが楕円の定義であることを知っていると仮定する．諸君は，楕円の別の定義を聞いたことがあるかもしれない．もし諸君が望むなら，次のような別の定義をしてもよい．これらの2点は焦点とよばれ，この焦点とは，F から放射された光が，楕円上の任意の点から F' に向かってはね返されることを意味している(図53(b))．これを楕円の定義としてもよい．

少なくとも，これらの2つの楕円の定義の等価性を証明しておこう．次のステップは，光が F から F' に反射されることを示すことである．その光は，ここにあるこの表面が，あたかもこの実際の曲線に接する平面であるかのように反射する．したがって，証明しなくてはならないのは次のことであ

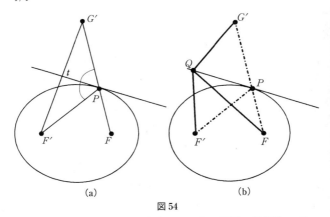

図 54

る.このときもちろん,平面からの光の反射の法則というのは,入射角と反射角とが等しいということは知っているね.したがって,証明すべきことは次のことである.仮に私がここに,2本の線 FP および $F'P$ とがなす角が等しいように1本の線を描いたとすると,その線は楕円の接線になっているということである.

証明.ここに図54(a)のように引いた線がある.この線に関する F' の鏡像点をつくる.

すなわち,その線に F' からの垂線を延長し,反対側に同じ距離をとると G' を得る.これが F' の鏡像点である.さて,P 点と G' 点を結ぶ.角度が等しいことに注意すると,ここの角度は直角である.さて,この角はこの角に等しい.なぜなら,これらの2つの直角三角形は同じだからである.それ

は鏡像であり，したがってこの辺はあの辺に等しく，これらの2つの角は等しい．したがって，これは直線である．よって，PG'は$F'P$に等しく，しかもFG'は直線であるから，これらの2つの距離の和$FP+F'P$は$FP+G'P$に等しい．なぜなら$F'P=G'P$だからである．さて，話のポイントは，諸君が接線上に，他の任意の点をとったとして，それをQとする(図54(b))．そして，Qへの2つの距離の和を考えることにある．容易に分かるように，距離$F'Q$は，このときでも$G'Q$に等しい．したがって，これらの2つの距離の和，F'からQ，QからFへの和は，FからQ，QからG'への距離に等しい．言い換えると，2つの焦点からその線上の任意の点への距離の和は，Fからその点に行き，それを越えてG'に行く距離に等しい．明らかにこれは，一直線で横切るものよりも大きい．言い換えると，Q点への2つの距離の和は，P点を除く任意の点Qのとき，楕円上のときよりも大きい．つまり，この線上の任意の点に対して，これらの2点への距離の和は，楕円上の点に対する距離の和よりも大きい．

さてここで，次のことは自明であるとする．たぶん諸君は，自分を満足させるような証明を工夫することができると思う．それは，仮に楕円は2点(から楕円上の点への距離)の和が一定であり，楕円の外側の点をとると，2点への(距離の)和はそれよりも大きく，楕円の内側の点をとると，2点への(距離の)和はそれよりも小さい．したがって，線上の点は，楕円上の点よりも大きな和をもつので，この線はみな楕円の外

にある．そして唯一の例外は点 P である．したがって，その線は接していなくてはならず，2 点で交わることもなく，またそれは内側に入ってくることもない．これでよろしい．したがって，その線は接線であり，そして，反射の法則が成立することを知ったわけである．

ところで，楕円の性質について，もう 1 つ説明しておかなくてはならないことがある．その理由は，諸君にとってはいまはまったくチンプンカンプンだと思うけれど，それは後に必要となる性質である．

ニュートンの方法は幾何学的なものであったが，彼は円錐曲線のことを誰でもよく知っている時代に書いていたのである．それで彼は，私にはまったく分からない円錐曲線の性質をいたるところで利用するのである．そこで私は，自分に理解できる私の見つけた性質を証明することにする．諸君は，私がここで描くのと同じ図形を，もういちど自分で描いてほしい．

ここに前と正確に同じ図が書かれている(**図 55**)．F' と F がある．ここにあの接線がある．ここには F' の鏡像点 G' がある．ここで諸君は，P 点が楕円上を 1 回りしたとき，鏡像点 G' がどう動くか想像してほしい．前に述べたことがあるように，PG' は明らかに $F'P$ に等しく，したがって $FP+F'P$ は一定である．このことは，$FP+PG'$ が一定であることを意味している．つまり，FG' は一定である．要するに，鏡像点 G' は点 F を中心とする一定の半径の円周上を回る．

これでよい．それと同時に，F' から G' に線を引く．すると，この接線がそれに垂直になっていることに気づいたのだ．これは前に言ったことと同じことである．ここで，諸君が忘れないように，楕円のもつもう１つの性質について話をまとめて

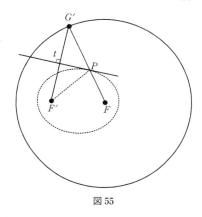

図 55

おこう．それは次の性質である．点 G' が１つの円を描くとき，中心から離れたもう１つの点 —— これは点 G' に対する中心からずれた点 —— からこの点 G' に引いた線は，楕円の接線につねに垂直である．あるいは見方を変えれば，その接線は，中心からそれた点から引いたその線 —— あるいは任意の線 —— に垂直である．よろしい．これで全部だ．あとでこの話にもどるから憶えておこう．でもあとでもういちど復習をするから，心配は無用．これがいくつかの事実から出発して得た楕円の性質のまとめだ．これが楕円というものだ．

ところで，私たちは力学を勉強しなくてはならない．幾何学と力学を結合しなくてはならないからである．そこでいま，力学とは何かを全面的に説明しておかなければならない．私はその命題が欲しいのだ．これまでは幾何学であったが，こ

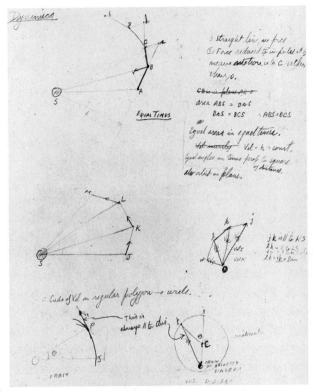

講義のほとんどはこのページからきている．左上の図はニュートンの『プリンキピア』からのコピーである

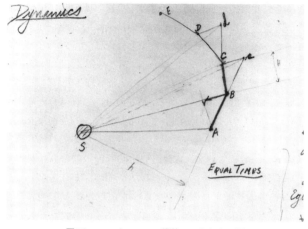

図 56 ファインマンの講義ノートからの図

んどは力学である．その命題(あるいは仮説)とは何を意味するか．ニュートンにとってその意味するものは，次のものだったのだ．仮に，例えばこれが太陽であり，それは引力の中心であり，ある与えられた時刻に1つの粒子がここにあり，それがある時間間隔の間に，他の点，つまり A から B に動いたと考えよう(図 56)．そのときもし，太陽の方向にはたらく力がないとすると，この粒子は同じ方向に運動をしつづけ，1 点 c まで同じ距離を行くだろう．ところが，この運動の間に，太陽の方向に向かう衝撃力がある．分析の目的のために，この力は中央の点に粒子がいる瞬間に —— 言い換えると，この点にいる瞬間に —— 作用するものとする．つまり，

すべての衝撃力を近似的に，この中央にいる瞬間に集中するのである．したがって，その衝撃力は太陽の方向を向き，それはまた運動の変化を表現することになる．このことは，これがここ(点c)に動くのではなく，新しい点Cに向かって動くことを意味する．このC点はc点とは違う点である．なぜなら，最終的な運動はこの運動であり，これはもともとの運動に，中心の太陽の方向に与えられた付加的な衝撃を加え，結合したものだからである．したがって，その最終的な運動は線BCに沿っていて，2番目の時間間隔の終わりには，粒子はC点にいることになる．ここで強調しておきたいことは，cCはBVに平行であり，BVに等しいことである．このBVが太陽から与えられた衝撃力である．したがって，それはBから中心の太陽に引いた線に平行である．最後に言い残したことは，粒子が軌道を回るとき，BVの大きさが，その距離の2乗に反比例して変化するということである．

ここに(図57)もういちど，同じものを描いた．まったく同じようにして．まったく変わっていない．ただもっと面白くするために色をつけてある．ここにあるのが，粒子が──最初の瞬間に──いたところで，この運動は力の作用がなく，2番目の時間間隔の間にもその運動を続けたときまで続く運動である．ここで指摘しておきたいことは，その場合に掃き抜ける面積が，2つの時間間隔の間で等しいということである．これらの2つの距離ABとBcは明らかに等しく，したがって，2つの三角形SABとSBcの面積は等しい．なぜな

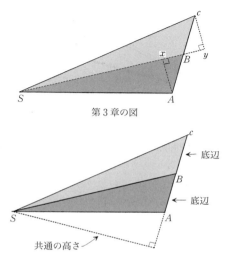

図57 ファインマンはたぶん，上の図のかわりに下の図を描いたのだろう

ら，これらは，等しい長さの底辺と，共通の高さをもつからである．底辺を延長して高さを書くと，それは両方の三角形に対して同じ高さであり，そして底辺の長さは等しいので，掃いた面積は相等しい．

　一方，実際の運動は，点 c へではなく，点 C に向かう．これは B の瞬間に太陽の方向への変位だけ，c の位置とは違っている．つまり，もともとの青い線に平行な青い線だけずれる（図58）．さて，諸君に指摘しておきたいことは，このほとんどが重なっている面積——つまり，力が作用したあと

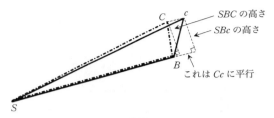

図58

の，2番目の時間間隔の間に掃き出した面積，すなわち面積 SBC —— が，力がないときの面積 SBc に等しいということである．その理由は，これらの2つの三角形は共通の底辺と等しい高さをもつからである．高さが等しいのは，どちらも平行線の間にあるからである．三角形 SBC と三角形 SAB の面積は等しく —— しかも，これらの点 A, B および C は軌道上の同じ時間間隔をおいた引きつづく位置を表わしていることから —— 等時間の間に動いた面積は相等しいことが分かる．また，軌道は平面上にとどまることも分かる．というのは，点 c はその平面内にあり，線 Cc は ABS の平面内にあり，したがって，あとに残された運動も平面 ABS 内にあるからである．

この想像上の多角形の軌道のまわりで，上のような一連の衝撃を描いたわけである．もちろん，実際の軌道を見つけるには，時間間隔をずっと短縮し —— 衝撃の回数をずっと増やして —— それが滑らかな曲線となる極限的な場合を得るまで，同じ解析をやる必要がある．曲線が得られる極限的な場合，

その曲線は平面上にあり，それにより掃かれる面積，その面積は時間に比例する．したがって，等時間に掃かれる面積は等面積である．諸君がいま見た証明は，ニュートンの『プリンキピア』のなかに書いてあるものの完全なコピーであって，したがって諸君がそれから学びとった，あるいはまた学びとらなかったかもしれないその独創性と歓びは，私がこの話を始めるずっと前からすでに存在していたものである．

さて，残った証明は，ニュートンからくるものではない．なぜかというと，私にはニュートンの議論にはついていけないことがよく分かったからである．ニュートンの議論は円錐曲線についての数多くの性質を含んでいるからである．そこで私は，もう1つ別の証明法をでっちあげたのである．

これまでに分かったことは，等面積・等時間ということである．そこで，等時間という考えを用いなかったら，軌道はどう見えるか，それを考えたい．つまり，太陽の中心から「等角」になっている一連の位置を考えようというのである．言い換えると，等時間間隔の瞬間に対応するのではない一連の点 J, K, L, M, N をもった軌道を，もういちど書き直してみる（図59）．

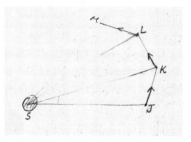

図59 ファインマンの講義ノートの図

この図は前の図とよく似ているが，前のと違って，原点の位置からの傾きの角度を等しくとったものである．図を少しばかり簡単にするために，それはまったく本質的なことではないが，もともとの運動が，その出発点で太陽に対して垂直であったと仮定する．しかし，それは本質的なことではなく，ただ図形をよりきれいな形にするためだけのことである．

さて，前に述べた命題から，等面積を掃くには等しい時間がかかるということを，われわれはすでに知っている．そこでよく聞きたまえ．諸君に指摘したいのは，等角——，これがいま私が目ざしているものだが，等角ということは，面積が同じではないことを意味している．等しいのではなく，それらは太陽からの距離の2乗に比例している．なぜなら，いま1つの角度が与えられた三角形があるとする．そして，それに相似な三角形をもう1つつくり，それらの2個の相似三角形の面積を比べると，それは，それらの寸法の2乗に比例するからだ．したがって，等角ということは——面積は時間に比例するから——これらの等角度を掃きぬける時間が距離の2乗に比例することを意味している．つまり，これらの点 J, K, L, $\ldots$ は，等時間に対する軌道の図を表わすのではなく，そうではなくて，それらは，距離の2乗に比例する時間間隔をおいた一連の軌道上の点の図を表わしている．

さて，力学の法則というのは，速度の変化が等しい，いやそうではなく，速度の変化が，太陽からの距離の2乗に反比例して変化するということである．それは，等時間での速度

の変化である．同じことを別の言葉でいうと，等しい速度変化を得るには，距離の2乗に比例する時間を要するということである．これは上と同じことである．したがって，時間をもっとかければ，速度の変化も大きくなる．そして，粒子は，等時間に対しては2乗に反比例して落ちていくけれども，もし距離の2乗に比例する時間をかければ，そのときには速度の変化は等しくなる．あるいは，力学の法則は，速度の等しい変化は，距離の2乗に比例する時間の間におきるといっているのである．ところが，ごらん．等角は距離の2乗に比例する時間であった．そこで次の結論が得られる．重力の法則から，速度の等変化は，軌道上の等角の運動のときに生じる．これが，すべてが導かれる中核なのである．速度の等変化は，軌道上で等角度を描くときにおきるということが，これからの話の中核である．そこで私は，いまこの図上に，速度を表わす小さな線を引くことにする．ほかの図とは違って，これらの線は，J から K への全体の線ではない．なぜなら，この図では，全体の線は速度に比例はしているけれど，等時間をとったとすると，その等時間で割った長さが速度を表わしているからである．しかし実際には，距離の2乗に比例する時間よりも，むしろ粒子がある与えられた単位の時間の間にどれだけ遠くに行くかを表現するある別のスケールを用いなくてはならない．それで，これらは一連の速度を表わすことになる．しかし，その図では，速度の変化がどうなるかを見つけるのは，まことに難しいことになる．

そこで私は，ここにもう1つ別の図をつくることにする（図60）．それを速度図ということにしよう．ここでは便宜上，拡大した図を描いてある．これらは，正確にこれらと同じ線を表わすものと考える．

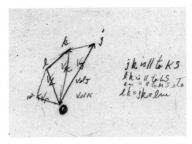

図60 ファインマンの講義ノートの図

これはJにおける粒子の1秒当たりの運動，あるいはJにおける与えられた時間間隔の間での粒子の運動を表わしている．これは，粒子がある与えられた時間間隔のはじめの時刻から行なった運動を表わしている．そして，これらの速度線を共通の原点においたのである．その結果，これらの速度を比較できることになる．こうして，これらの点での一連の速度が得られる．

さて，速度の変化はどれだろうか．そのポイントは，最初の運動ではこれが速度である．しかし，太陽に向かう衝撃力がある．それで速度の変化を生じる．これは図の緑の線で表わしてある．それが第2の速度v_Kをつくり出す．同様にして，別の衝撃がまた太陽の方向に作用する．しかし今度は，太陽は別の角度の方向にあって，それがまた次の速度の変化をもたらし，v_Lとなる．以下同様である．さて，速度の変化が等しい——前に示したように，等角度に対して——とい

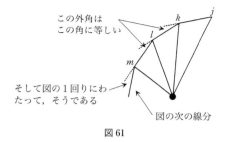

図 61

う命題は，これらの一連の線分の長さがすべてみな等しいということである．これがここでやったことの意味である．

それでは，それらの間の角度についてはどうだろうか．これは，この半径での太陽の方向にあり，こいつはあの半径のときの太陽の方向にあるから，そしてこれらの半径はみなおたがいに共通の角度をもっているので，それで，これらの速度の小さな変化は，おたがいに等しい角度をもっている．これは本当のことだ．要するに，われわれは正多角形をつくっているのである．それぞれ同じ長さのステップをつづけて，それぞれ等しい角度だけ方向を変えれば，円周にのる一連の点ができる．それは1つの円をつくる．したがって，速度ベクトルの終端は（もし，それらの点をそう名づければの話であるが．ここでの初等的な記述では，ベクトルとは何かということを諸君が知っているとは仮定していない）1つの円の上にある．その円をここでもう一度書いておこう（図61）．

ここで，われわれが発見したことを復習しておこう．まず

連続への極限をとる．このとき，角の幅は非常に小さなものになり，1つの連続的な曲線が得られる．ここで θ をある点 P への角，SJ から測った角とする(図62)．そして v_P は前と同様にして，その点での速度とする．すると速度図はこのようなものになる．この点が速度図の原点である．これはそこの図と同じものである．そしてこれが，この P 点に対応する速度ベクトルである．このときこれは，円周上にあるが，これは必ずしもその円の中心にはない．しかし，円のなかで回したこの角は，その角 θ と同じである．その理由は，出発点からこうして回した角度は，軌道に沿って回した角度に比例するからである．なぜなら，それは同じ数の微小角の回転を継続して行なったものだからである．したがって，ここのこの角は，そこの角と大きさが同じである．

そこで，ここに問題が生まれる．ここにわれわれの発見したことがある．まず1つの円を描く．そして円の中心をはずれた1点をとる(図62)．次に軌道上に1つの角をとる．これは，軌道上に諸君の好きな任意の角である．そして，それに対応する角を，いま作図した円のなかに書く．そして中心をはずれた点から線を引く．そうすると，この線は接線の方向を向いていることになる．なぜかというと，その速度は，その瞬間における運動の方向を向いており，それは軌道の接線の方向だからである．したがって，われわれの問題は，中心からはずれた点から線を引くと，あの曲線の接線の方向が，曲線の角度が円の中心での角度で与えられるときのそれに，

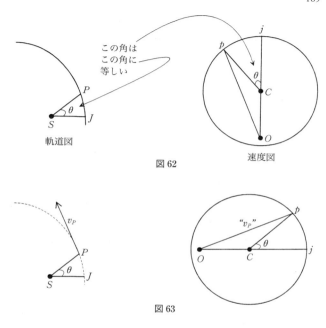

図 62

図 63

つねに平行になっているような曲線を見つけることである．

こうすると，それが得られる理由をもっとはっきりさせるために，ここで2つの角が同じ向きに平行になるように，速度図を90度回してやる．このとき，下のこの図(図63)は，諸君の見ている上の図(図62)とまったく同じものであるが——ただ考えやすくするために——90度回したものである．

そうすると，これが速度ベクトルとなる．それは全体の図を90度回したのだから，これも90度回っている．それ以外は同じ速度ベクトルである．つまり，これはあれに垂直になっている．したがって，こいつもあいつに垂直である．要するに，われわれは次のような曲線を発見しなくてはならないのである．軌道をその中におくのである．私はそれを決めることを始めている．そう，いま私はそれを口で言っているだけだけれど，あとでもう一度，図に描いて説明する．いま，その軌道上のある与えられた1点を，そのなかのここにとる．このときこの線は軌道と交わる．（このとき，スケールについては気にしないでよい．ここでの話はみな想像上のことで，みんな比例的なものなのだから．）この線は軌道と交わる．その軌道の接線は，中心を離れた点から引いた線に垂直になっていなくてはならない．

話がどうなっているかを示すために，もういちど図を描くことにしよう（図64）．諸君はもう答が何かを知っている．しかし，ここにまた同じ速度円がある．しかしこんどは，軌道図は，前とは違うスケールで，内側に描かれている．つまり，これらの角度が一致していることから，この図をこの図の上にぴたりと重ねておいたのである．角度が一致しているので，軌道上のP点と速度円上のp点を表わすのに，1本の線を引くことができるわけである．さて，われわれの発見したのは，軌道は次のような特性をもつ線であるということである．中心をはずれた点から引いた線——この点から，外側

の円周上にのばした線——は，つねに曲線の接線に垂直になっている．その曲線は楕円である．それが楕円であることは，諸君が次のような作図をすることにより知ることができる(図64)．

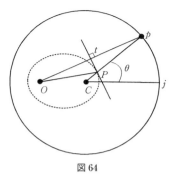

図64

曲線を次のようにして作図する．いま作図しようとしている曲線は，すべての条件を満たしているのである．次のように曲線を作図する．いつの場合にもこの線の垂直二等分線をとる．それともう1つの線 Cp との交点を求める．その交点を P と名づけることにする．これがその垂直二等分線である．ここで，次の2つのことを証明する．まず第1に，そこにできるこの点の軌跡は楕円であり，第2に，この線はまたそこでの接線，つまりその楕円の接線であるということである．したがって，条件はすべて満たされていて，何もかもうまくいっている．

最初にそれが楕円であることの証明．これは垂直二等分線であるから，その点は O と p から等距離にある(図65)．したがって明らかに，Pp は PO に等しい．このことは $CP+PO$，これは $CP+Pp$ に等しく，これは円の半径であることを意味し，明らかに一定値である．したがって，その曲線は

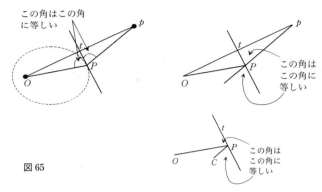

図65

楕円である．あるいは，これらの2つの距離の和は一定である．

そして次に，この線はその楕円の接線であることを示す．なぜなら，ええと…，2つの三角形は合同である．ここにあるこの角とこの角は等しい．ところが，この線を反対側に延長すると，それはまたあの角にも等しい．したがって，問題の線は焦点に向かう2つの線と等角をなす．ところがそれは，楕円のもつ性質の1つ——反射性——であることを，われわれはすでに証明した．したがって，問題の解は楕円であるということになる．あるいは言い換えると，実は私が証明したのは，その楕円が問題の1つの可能な解であるということである．それがこの解である．したがって，軌道は楕円である．初等的ではあるが，難しい．

まだかなり時間が残っている．そこで，この問題について

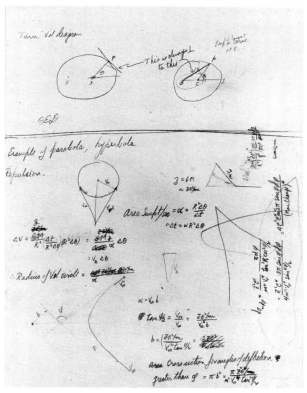

線の上の部分は，楕円の法則の最終段階のノート．線の下の部分はラザフォードの散乱の法則

二，三のことを話しておこう．まず第1に，私がこの証明をどうやって得たかについて話しておきたい —— とくに速度図が円になるということを．この点の証明はファノ氏によるものだった．私はそれを読んだのである．そしてその後，曲線が楕円であることを証明するのに，ずいぶん長い時間がかかった．つまり，明瞭かつ簡単なステップ —— これをこうやって回した．諸君はそれを描いたね．それがすべてだった．ものすごく難しかった．この種の初等的な証明はどれもそうだが —— どんな幾何学的証明もそうであるように —— 多くの工夫を必要としたのである．しかしいったんその証明が与えられると，それは美しく，簡単である．話は本当に終った．このやり方の面白さは，諸君が，一種のジグソーパズルのピースを注意深く組み合わせたようなものである．

ものごとを発見するのに幾何学的な方法を利用するのは容易なことではない．それは非常に難しいものである．しかし，発見された後でのその証明の優美さは，まことに大きなものである．解析的な方法のもつ力は，ものごとを証明するよりも，ものごとを発見するのが非常に容易になる点にある．しかし，優美さの程度に関してはそうではない．解析的方法というのは，たくさんの書き損じた紙，x と y を用いたり，線で消したり，帳消しにしたりなどなどで，まったくエレガンスの逆である．

ここで，多くの面白い場合について指摘しておきたい．もちろん，O 点が円の上にあったり，O 点が円の外側にある

4 太陽のまわりの惑星の運動　195

こともありうることである．点 O が円周上にあるときには，もちろん楕円をつくらない．それは放物線をつくることが分かる．そして，O 点が円の外側にあるときには，もう1つの可能性である別の曲線，双曲線をつくる．諸君が楽しめるように，それらのもののうちのいくつかを残しておこう．一方，いまは別の目的のために，この問題のある応用問題をやって，もともとファノ氏がやった議論をつづけたいと思う．彼はこれまでとは違う方向に行くのである．それを諸君に示したいのだ．

彼(ファノ氏)がやろうとしたことは，1914年には，物理の歴史で非常に重要だった法則を初等的に証明することだったのである．それは，いわゆるラザフォード散乱の法則に関係している．いま無限に重い原子核 —— 本当はそうではないが，そう仮定する —— があり，その原子核に粒子を発射するとすると，電気的力に関する逆2乗の法則によって，それははね返される．いま，q_e を電子の電荷とすると，原子核のもつ電荷は Z 掛ける q_e である．ここで Z は原子番号である．このとき，2つの物体間の力は，$4\pi\varepsilon_0$ に距離の2乗を掛けたもの(の逆数)で与えられる．これを簡単のため，とりあえず z/R^2 と書くことにする．z は R^2 の上にある定数である．諸君がこれを教室で習ったかどうか知らないので，もうやったものと仮定する．また $q_e^2/4\pi\varepsilon_0$ のことを略して e^2 と書くことにする．すると，この力は Ze^2/R^2 となる．いずれにせよ，これは距離の2乗に反比例する力だけれど，この力は反発力

である．さて問題は次のとおりである．仮に私が，これらの原子核にたくさんの粒子を発射したとき，このとき私はその原子核を見ることはできないが，そのとき，それらの粒子のうちのどれだけがいろいろな角度の方向にそれるか．何パーセントの粒子が30度以上にそれるか．何パーセントが45度以上にそれるか．そしてそれらはどういう角度分布を示すか．それがラザフォードが解きたかった問題だったのである．そして，彼がその正解を得たとき，それを実験と比較して，その正否を較べたのである．

〔この時点から，ファインマンの話は間違った方向にそれてしまいました．しかし間もなく彼は自分でそれを訂正したのでした．〕

そうして彼は，大きな角度でそれると考えられた粒子がそこには存在しないことを発見したのである．言い換えると，大きな角度をもってそれる粒子の数が，諸君が考えるよりもずっと少なかったのである．そのことから彼は，小さな距離に対しては，力が R^{-2} のようには大きくなっていないことを推論したのである．なぜなら，大きい角度を得るには，明らかに強い力が必要だからである．そしてそのことは，粒子が原子核とほとんど正面衝突をすることに相当する．したがって，原子核に非常に接近した粒子は，それらが当然あるべき方向に出てくるようには思えない．その理由は，原子核は大きさをもっていて……．どうも，話をもどさんといけない．もし原子核の大きさが大きければ，そのとき大きな角度で出

てくると考えられる粒子は，最大限の力を得ることはできない．なぜなら，粒子は，電荷分布の内側に入り，より小さい角度でそれる．混乱しちゃった．ごめんなさい．もう一度はじめからやり直そう．

ラザフォードは，もしすべての力がその中心に集中しているならばどうなるかを推論した．彼の時代には，原子内の電荷は原子全体に一様に分布していると仮定されていた．それで，この分布を調べるために，これらの粒子を散乱させたら，粒子は弱い「それ」を示し，決して大きくそれることはないと考えたのである．というのは，大きくそれるには，反発力の中心に非常に接近しなくてはならないのに，接近しようとしてもそんな中心がないとされていたからである．ところが彼は，大きな角度でそれる粒子を発見したのである．そこで，原子核は小さく，原子の質量は非常に小さい中心に集中していると結論した．私は話をもどしたが，その原子核が大きさをもつことが示されたのはずっと後のことで，同じようなことが再度おきたのである．しかし，最初に分かったことは，この種の電気的な目標にとっては，原子(核)は原子全体の大きさほど大きくはないということだった．つまり，すべての電荷は中心に集中し，そうして原子核が発見されたのである．しかし，次のことを理解しておく必要がある．大きな「それ」の角度を与える法則は何か．そしてそれをここでのやり方で得ることができるということを理解しておく必要があるということである．

われわれが前にやったのと同じことをやるとしよう．そしてその軌道を描くことにする．ここに電荷があり，そのまわりをぐるっと回る粒子の運動がある．こんどは反発力である．図のこの点から出発すると面白い．そして前のように速度円を描く．これがその速度である．その速度，この点での初速度——諸君に私が何をしようとしているかが分かるように，前と同じ色を使う——これは青だし，この軌道は赤．さて，その速度の変化は円周上にある．ところが，その速度変化はこんどは反発力であり，符号は反対となる．そして，少しばかり考えると，粒子の軌道のそれは図のようになることが分かる(図66)．そして，この計算の中心，速度空間の原点 O は，その円の外側にある．そして，連続的に継続する小さな速度変化は，その円周上にある．軌道図上では，それらの一連の速度はこれらの線で表わされ，それはこの非常に興味深い点に来るまで，この接線に到達するまでつづくことになる．

　この曲線上のこの接点，これは何を意味するか．これは，すべての速度変化が速度の方向におきることを意味している．ところが，速度変化は太陽の方向にある．そして，図のこの部分にあるこの速度は，太陽の方向を向いている．なぜならそれは変化の方向だからである．つまり，いま近づいている，ここのこの点——この点を x ということにする——は，この線に沿って太陽に向かって無限遠方からやってくる点に対応している．すなわち，太陽〔太陽ではなく，原子核〕の方向に向かって，非常に遠くからやってきて，非常に接近し，そ

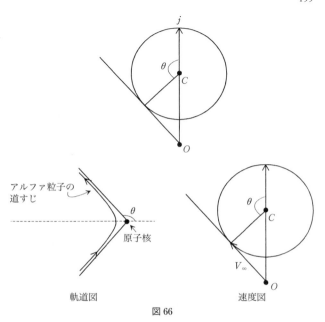

図 66

れからここでぐるりと回って —— この図はおかしい．矢印はここでないといけない．時間の向きが反対だ —— ここで回って，この道を通って，あの道を出てゆく(図66)．それはこの方向に向かって，この速度で去ってゆく．

さて，軌道をもっと注意深く描くと，それはこれによく似たものになる．それはこのように回る．この点，ここを V_∞ とすると，粒子が出発点でもっていた速度は V_∞ である．同

じスケールで，この図の半径を V ── 円の半径に対応する速度 ── とすると，私はいまある方程式をつくろうとしていて，もう完全に幾何学的にやろうとしているのではない．そうでなくて，時間の節約その他の理由で幾何学的手法はやめる．もうすでに私の仕事は終っているのだから．もういつも馬車に乗るのはやめた．そのほうが楽しくても，もう降りたらよい．さて，ここでまず知りたいのは中心の速度，速度円の半径だ．言い換えれば，もう馬車から降りて，幾何学的なものをもっと解析的なものにしようとしているわけだ．

ここで，その力はある定数，その力 ── むしろ加速度 ── は，R^2 の上にある定数をもっていると考えられる．重力のときはその定数は GM であり，電気のときは Ze^2/m である．m があるのは加速度だからである．すなわち，速度の変化はつねに z/R^2 掛ける時間である．さて，運動の定数である1秒当たりに軌道により掃かれる面積を α とする．するとこうなる．── $R^2 \Delta\theta$ は面積である．それを面積を掃く割合で割ると，これは，それがある角度を掃くのにどれだけの時間を要するかが分かる．すると，その時間は，ある与えられた角度に対して，距離の2乗に比例することになる．私がいま話しているのは，どれも解析的な話で，前に言葉で言ったことである．この Δt をここに代入すると，角度に関する速度の変化がどれだけかを知ることができる．その結果は $R^2 \Delta\theta/\alpha$ で，R^2 は相殺されてしまう．このことは，前から言っているように，速度の変化が等角度に対しては同じである

ということである.

さてそうすると,速度図 —— これは諸君の知る軌道の一部ではないが,気にすることはない —— これらは速度の変化である.そしてこれらは軌道上の角度の変化である.したがって $\varDelta V$ はまた,その円の幾何学によって,円の半径に等しい.これを $V_R \times \varDelta \theta$ と名づけることにする.言い換えると,速度円の半径は z/α に等しい.ここで α は1秒当たりに掃かれる面積の割合である.また z は力の法則に関係する定数である.さて,この惑星がそれた角度はこれである.それを惑星の「それ」の角とよぶことにする —— 核からの荷電粒子の「それ」ということ.上の議論から,それは明らかに,ここにあるこの角 ϕ に等しい.なぜなら,これらの速度は,もともとの2つの方向に平行だからである.したがって,V_∞ と V_R の関係が得られれば,ϕ を見つけることができる.見てごらん.$\phi/2$ のタンジェントが V_R/V_∞ である.これがその角度を与える.必要なのは V_R に $z/\alpha R$ を代入すること,それだけのこと.

さて,この軌道に対応する α の値を知らなければ,われわれはたいしてよいことをやったことにはならない.面白い考えは,この粒子がこれに近づくときを考えることである.したがって,もし力がなければ,粒子はある距離 b だけはずれることになる.これは衝突径数とよばれているものである.いま,粒子の力の中心に向かって無限遠方からやってくるとする.しかしそれは,中心からはずれている.それははずれ

ているから、中心からそれている。それがbだけはずれているとき、粒子はどれだけそれるか。それが問題である。距離bだけ目標をはずれてねらったら、それはどれだけそれるか。

したがって、αがbとどう関係しているかを決定しさえすればよい。V_∞は1秒当たりに行く距離である。そこで仮にものすごい領域、つまり三角形——いやらしい三角形——を描いたとすると、…どこかに2の因子があるはずだが——そうだ、三角形の面積は$R^2/2$。2つの因子がある。2つだ。時間が来たら、あとで諸君は自分で整理してほしい。ここに2分の1がある。そして、どこかほかに2分の1があるはずだが、いまそれを探している。この三角形の面積は底辺V_∞, 掛ける高さb, 掛ける2分の1だ。さて、その三角形は粒子が掃く、半径が1秒間に掃く三角形だ。それでこれがαである。したがって、これがz/bV_∞^2となることが分かる。このことは、衝突距離、つまりねらいの正確度が与えられると、粒子が接近するスピードと、力の法則とから、「それ」の角度を求めることができるということを言っている。これですべてが終了した。

もう1つ、かなり面白いことがある。諸君がある大きさよりも大きい「それ」を得る確率、チャンスはどれくらいかを知りたいと考えたとしよう。いまある角度ϕをとる、ϕ_0をね。そして、ϕ_0よりも大きい値を得ることを確かめたいとする。このことは、そのϕに対応するbよりも近づいた領域の内側から発射しなければならないことを意味する。bより

4 太陽のまわりの惑星の運動　203

も近づいた衝突は，ϕ_0 よりも大きい「それ」をつくる．ここで b は，ϕ_0 に属する b_0 のことで，それはこの方程式で決まる．これよりも遠くに離れると，力は小さくなり，「それ」はより小さくなる．したがって，ϕ〔下付きのゼロを除いてしまった〕よりも大きい「それ」を得るために発射しなくてはならない面積，いわゆる断面積は πb^2 である．ここで b は $z/V_\infty^2 \tan(\phi/2)$ である．

　言い換えれば，それは $\pi z^2/V_\infty^4 \tan^2(\phi/2)$ である．これがラザフォードの散乱の法則である．この公式は，ある大きさ以上の「それ」を得るために，諸君が発射すべき面積の確率——ヒットすべき有効面積——を与えている．この z は Ze^2/m に等しく，これは e の 4 乗に比例している．これは非常に有名な公式なのである．

　この式は非常に有名なものであるが，この式がはじめて導かれたとき，この形では書かれていなかったのである．そこで，その有名さのゆえに，その形を書いておこう．そう，その形を書き残しておく．その答そのものを書いておく．そして，諸君がそれが証明できるかどうか，自分でやってみることだ．ある角度よりも大きい「それ」に対する断面積ではなく，断面積の微小部分 $d\sigma$ を求めることもできる．これは角度が，こことそこの間の範囲の中への「それ」に対するものである．それには，これを微分しなくてはならない．その最終結果は，ラザフォードの有名な公式として与えられていて，それは $4Z^2 e^4$ に $2\pi \sin\phi\, d\phi$ を掛け，それを $4m^2 V_\infty^4$ で割り，

それに $\sin(\phi/2)$ の 4 乗を掛けたものである．私がこれを書いたのは，この公式は物理で非常によく出てくる有名なものだからである．$2\pi \sin \phi \, d\phi$ の組み合わせは，$d\phi$ の範囲のまさに立体角であり，したがって，単位立体角内への断面積は，$\sin(\phi/2)$ の 4 乗に反比例する．これこそが，原子からのアルファ粒子の散乱に対して正しいことが発見された法則であり，これは原子がその中に固い中心——原子核をもつことを示すものだったのである．

　どうもありがとう．

終　章

リチャード・ファインマンは，楕円の法則の彼独自の素晴しい証明法を手品のように引き出してみせました．ところが，それを考えたのは彼がはじめてではありませんでした．同じ証明法，つまり速度図を横向けに回すという決定的な洞察による証明は，ジェームス・クラーク・マクスウェルによって書かれ，1877年にはじめて出版された『物質と運動』という小さな本のなかに見られます．マクスウェルは，その証明法をサー・ウィリアム・ハミルトンの仕事とみています．その名はすべての物理学者によく知られた名前です(ハミルトニアンというのは，量子力学の重要な要素となっています)．明らかにハミルトンは，速度図を用いた最初の人でした．彼はそれをホドグラフとよび，物体の運動の研究に利用しました．ファインマンは，彼の講義のなかで，円形の速度図のアイディアを謎の人物「ファノ氏」に帰しています．彼は，U.ファノとL.ファノの共著，『原子と分子の基礎物理学』(1959年)を引用しています．この書物では，円形速度図は，ファインマンの講義の最後のところでやったラザフォードの散乱の法則を導くときに用いられています．もし2人のファノがハミルトンとそのホドグラフのことを知っていたら，彼らも自分たちの手柄だとは言わないでしょう．

　ハミルトンは，ニュートンの力学を，より洗練されかつ優美な形式に改良するという何世紀にもわたる長い伝統のなか

に生きた一員でした．『プリンキピア』の出版後，200年以上にもわたって，ニュートンは世界に君臨しました．それから，20世紀の初頭にいたって，物理学に第2の科学革命がおきたのです．それは，最初の革命と同じぐらい遠大なものでした．その革命が終わったとき，ニュートンの法則はもはや，物理的現実のもっとも深奥な性格を表わすものとは見なされなくなってしまいました．

その第2の革命は，現在でもなお完全には調和されていない2つの別の前線でおきました．その1つは相対性理論を導き，もう1つは量子力学を導いたのです．

相対性理論の萌芽は，すべての物体はその質量に関係なく同じ割合で落下するというガリレオの発見にまでさかのぼって，その跡をたどることができます．ニュートンの説明によりますと，物体の質量は物理学において，2つの別の役割を果たしております．つまり，その1つの役目は物体の運動の変化に抵抗するということであり，もう1つの役目は物体に重力を作用させるということです．したがって，物体の質量が大きいほど，それに作用する重力が大きくなります．しかしそれと同時に，それを動かすのもより困難になります．例えば，地球に向かって落下している物体が重ければ重いほど，それに作用する力は大きくなりますが，同時にまたより強く加速されることへの抵抗が大きくなります．軽い物体ほど作用する力は小さくなりますが，一方，加速もよりしやすくなります．その正味の結果は，すべての物体は正確に同じ割合

で落下するということです．この奇妙な一致は，ニュートン力学の巨大な成功の代償の一部として容易に受けいれられました．

　しかしながら，19世紀の終わりに，ニュートンの法則の別の部分が，ジェームス・クラーク・マクスウェルその人の発見の結果として問題になってきたのです．光は瞬間的に伝えられるのではなく，一定のスピードで進むということは，ずっと以前から知られていました．そのスピードは非常に大きなもの —— 1秒間におおよそ18万6000マイル（あるいは30万キロメートル）—— ですが，それは無限大ではありません．また，電気は電荷間にはたらく力ですが，マクスウェルの時代（彼は1831年から1879年まで，アインシュタインが生まれた年まで生きましたが，ファインマンと同じように胃癌で亡くなりました）には，磁気，磁針を方向づける力も，それと完全に無関係な現象ではないことが知られていました．そうでなく，磁気は電流間の力であり，その電流というのは，単に動いている電荷にすぎません．マクスウェルは，静止している電荷間にはたらく電気力の強さと，ゆっくり動いている電荷間の磁気力の強さを比較すると，その比はある速さの2乗に等しく，その速さというのが，光のスピードと偶然にもぴたり一致することを発見したのです．マクスウェルは，これは決して単なる偶然の一致ではないことを知っていました．そして彼は，美しい数学的理論を構成し，それはすみやかに実験により確かめられました．その理論によりますと，

全空間は，電気的・磁気的な力の場によって満たされ，これらの場が乱されると，その乱れが光のスピードで伝播するのです．実は，この乱れが光なのです．

　この発見が，ニュートンの法則の足元を掘り崩すものであることは，すぐには分かりませんでしたが，間もなくそのとおりであることが，アルバート・アインシュタインによって明らかにされたのです．むかしのアリストテレスの世界では，物体の自然の状態は静止状態でしたが，ニュートンの世界では，絶対静止の状態のようなものは存在しません．物体は一直線上を一定のスピードで運動している状態を保とうとします．物体が静止しているように見えても，それは単に観測者がその物体と一緒になって動いているにすぎないからです．ニュートンの第1法則，慣性の法則は，静止状態にある物体が存在しないからこそ意味をもっているのです——1つの運動状態は，他の任意の運動状態と同じである——．この世界においては，可能なもっとも簡単な仮定は，運動の状態が何であろうとも，物体はその状態を維持するということです．これは慣性の法則の言っていることにほかなりません．しかしながら，仮に絶対静止というものが存在しないのなら，絶対的なスピードもまた存在しません．あらゆるものの見掛けのスピードは，その観測者がその物体と一緒に動いたか否かに依存しています．ここに危機が生じるのです．つまり，物理法則は，その中に一定のスピードというものを決して含んでいてはならないのです．なぜなら，どんなスピードも，そ

れは観測者のスピードによって違う値をもつからです．ところが，ジェームス・クラーク・マクスウェルは，光が一定のスピード ── 磁石間と電荷間の基本的な力のなかに発見されるスピード ── をもつことを示したのです．

　この異常事態を解決するために，アルバート・アインシュタインは，全面的に新しい世界を創造したのです．その中心的な公理は，これからほかのすべてが導かれるのですが，観測者のスピードに無関係に，ただ1つの絶対的なスピード，光のスピードがあり，また物体を下方に引く重力は，その物体以外のすべての物体の上向きの加速度と区別できないので，その質量に関係なく，すべての物体は同じ割合で落下するというものでした．光のスピードがすべての観測者に対して同じであることを保証するには，ニュートンの意味での時間と距離の独立性を捨てて，それらを時空という形で混ぜ合わせなくてはなりません．すべての物体を同じ割合で落下させるためには，重力そのものが曲がった時空によって置き換えられます．この時空内では，すべての物体が慣性的な運動をしますが，それは直線(そのようなものは，もはや存在しません)上ではなく，測地線という曲線に沿って運動します．測地線というのは，曲がった時空内の2点を結ぶ最短距離のことです．これらのすべては，まとめて相対性理論(特殊と一般の両方)として知られています．

　ニュートンの覇権を掘り崩して前進するもう1つの前線は，原子の性質でした．原子の存在は，少なくとも紀元前1世紀

のルクレチウスの時代以来推測されており,ニュートンを含めてほとんどの科学者によって信じられてきました.そして最終的には,19世紀の夜明けの頃,イギリスの化学者ジョン・ドルトンによりある程度の経験的な支持が与えられました.ドルトンは実験にもとづいて,窒素や酸素のような化学物質は簡単な数の比(1対1,1対2,2対3など,これらの量は気体状態での体積で測られます)で結合する傾向をもつことを明らかにしたと主張しました.これらの実験結果は,たしかに,気体の構成物が原子からなり,それらの原子が結合して,現在では分子(NO,NO_2,N_2O_3 など)とよばれているものになっていることを示しています.ドルトンは無器用な実験家でしたが,強固な原子信者でした.そして彼は,その発見をきわめて貧弱な根拠にもとづいて(科学の歴史では珍しくない話ですが)発表したのでした.しかし,彼よりもずっと熟練した化学者たちが,彼の倍数比例の法則を実験化学の中心的な原則の1つに仕上げたのでした.19世紀を通じて,原子の性質についての知識は次第に改良されていきました.大英百科辞典の1875年版には,「原子」という項目で「JCM」と署名したジェームス・クラーク・マクスウェルによる記事が載っています.ここで彼は,その時代における原子に関する知識の状況のみごとな解説をしています.しかし,次の本質的な突破口は,1896年に開かれました.イギリスの物理学者 J. J. トムソンが,すべての原子は,後に電子とよばれることになる構成物をその内部に共通にもっているこ

とを示すことに成功したのです.

この時点で, 問題の争点は原子の構造になりました. ファインマンの講義でも言及していますように, アーネスト・ラザフォードとその共同研究者たちによる実験は, 原子が小型の太陽系の一種, つまり中心の小さな重い核とそのまわりの軌道上の軽い電子からなる体系

図67 ジェームス・クラーク・マクスウェル

であることを示したのでした. ただし, 電子は重力ではなく, それ自身のもつ負の電荷と正に帯電した核の間の電気力によって, 原子内に保持されています. しかしながら, この小型のニュートンの太陽系の, 一見満足そうに見える考え方は多くの欠陥をもっていたのです. そのうちでも, この模型に対する主要な, 絶対的な禁止令は, またもやあのジェームス・クラーク・マクスウェルと, その電磁気の理論からくるものでした. もし電子が本当に核のまわりの軌道上にあるならば, それらの電子は, 電磁場を連続的に乱すことになるでしょう. その乱れは, 光のスピードで外部に伝播してゆき, 原子からそのエネルギーを奪い去り, 消耗のすえ原子はついにはつぶ

れてしまいます．電子は核のなかに落ちこんでしまいます．ちょうど，疲れはてた彗星が太陽に落ちこんでしまうように．経験によりますと，ほとんどの原子は安定で，長い寿命をもっています．ですから，ニュートン型の太陽系は，原子の内部のはたらきを正しく記述していないことになります．

　このジレンマに解答を与えたのが量子力学の発明でした．ニュートンの法則は，非常に微小な系の振る舞いを正しく記述しないのです．トム・ストッパードの劇『ハップグッド』のなかの役，カーナー（ファインマンによく似た物理学者で，後にスパイに転じる）は，次の台詞を述べています．

　　決まった位置と，決まった運動量をもつ電子など，そんなものはどこにも存在しない．君が一方を固定すれば，他方を失う．そして何のトリックもなく，すべてがなされるのだ……．物はうんと小さくなると，彼らのあたまは本当におかしくなってくるのだ．そこで握りこぶしをつくってごらん．仮に君の握りこぶしが原子の核と同じぐらいの大きさだとすると，原子の大きさは，セントポール寺院と同程度の大きさということになる．もしそれがたまたま水素原子だったとしよう．すると原子は電子を１個だけもっている．そして，それは誰もいない大聖堂のなかの１匹の蛾のように飛び回っている．いまは丸屋根のそばを，次に祭壇のそばを……．すべての原子は大聖堂なのだ．電子は惑星のように回転するのではなく，

それはいまそこにいたと思うと，一瞬の後にはあっちに行ってしまう1匹の蛾のようなものさ．電子は，エネルギー量子を受けとったり，失ったりして，ジャンプする．その量子的ジャンプの瞬間には，それは，あたかも2匹の蛾のように行動する．1匹はここに，もう1匹はあそこで止まる．電子は双子のようなものだ．それぞれ個性をもつ，ユニークな双子なのさ．

　こうして，20世紀の初頭に，ニュートンは，相対論と量子力学を支持する人々によって打倒されてしまいました．それはちょうど2世紀前に，彼がアリストテレスを知的世界の中心から追い出してしまったのと同じでした．それではなぜ，現在でもニュートン物理学を学校で教え続けているのでしょうか．この点についてさらに言えば，なぜリチャード・ファインマンは——明らかに量子力学を再構成し，また何度もアインシュタインの相対性理論をみごとに講義した，その同じリチャード・ファインマンが——流行遅れのアイザック・ニュートンによる楕円の法則の証明を工夫し直すのに頭を悩ませたのでしょうか．

　その答は，物理学における第2の革命が第1の革命と根本的に異なるものだからです．第1の革命は，アリストテレスの原則を打倒して，それをまったく別のものに置き換えたのです．第2の革命は，ニュートン物理学が間違っているという意味でそれを打倒したのではありません．そうではなく，

それは，ニュートン物理学がなぜ正しいかという理由を示すことによって，それを再確認しているのです．ニュートンの法則は，もはや物理的実在の内的性質を解明するものとは考えられていません．非常に小さなもの(電子)，非常に速いもの(光のスピードに近いもの)，あるいは非常に密度の大きいもの(ブラック・ホール)などに適用すると，

図68　アーネスト・ラザフォード

それは正しくさえないのです．私たちがどこを調べたらよいかを知っていれば，あまり極端でない条件のもとでも，ニュートンの法則の予測に合わないような現象を検出することは可能です．それにもかかわらず，第2の革命後の世界は，ほとんどの場合，それ以前に住んでいた世界と同じぐらい居心地のよいものです．主な相違点は，いまではこの世界がどのように振る舞うかをニュートンの法則が正確に説明してくれることを知っているだけではなく，なぜニュートンの法則がうまくいくか，その理由も分かっていることです．ニュートンの法則は，相対論と量子力学とよばれる，より深遠な法則から自然に出てくるからうまくいくのです．これらの深遠な

法則は，世界全体を説明してしまう必要があります（現実には，まだ全体の説明ができたわけではありませんが）．しかしともかく，ほとんどの部分で，ニュートンの法則はうまくいくのです．

　これこそ，私たちが，いまでもなお，アリストテレスの物理ではなく，ニュートンの物理を用いて，問題の解き方を学生たちに教えている理由なのです．それはまた，リチャード・ファインマンが，太陽のまわりの惑星の楕円軌道をニュートンの法則から証明するための彼流の幾何学的論証を創造する価値があると判断した理由でもあったのです．そして最後に，それがまた，この本が書かれた理由でもあります．

… 参 考 文 献

Brecht, Bertolt. *The Life of Galileo*. Translated by Desmond I. Vesey. London: Methuen, 1960. B. ブレヒト『ガリレイの生涯』(岩淵達治訳), 岩波文庫, 1979. B. ブレヒト『ガリレオの生涯』(谷川道子訳), 光文社古典新訳文庫, 2013.

Cohen, I. Bernard. *The Birth of a New Physics*. Revised edition. New York: W. W. Norton, 1985.

―――. Introduction to Newton's "Principia." Cambridge, England: Cambridge University Press, 1971.

Dijksterhuis, E. J. *The Mechanization of the World Picture* (1961). Translated by C. Dikshoorn. Paperback reprint, London: Oxford University Press, 1969.

Drake, Stillman. *Galileo at Work: His Scientific Biography*. Chicago: University of Chicago Press, 1978. S. ドレイク『ガリレオの生涯 1, 2, 3』(田中一郎訳), 共立出版, 1984-85.

Fano, U., and L. Fano. "Relation between Deflection and Impact Parameter in Rutherford Scattering." Appendix III in *Basic Physics of Atoms and Molecules*. New York: John Wiley, 1959.

Feynman, R. P., R. B. Leighton, and M. Sands. *The Feynman Lectures on Physics*. 3 vols. Reading, Penn.: Addison-Wesley, 1963-65. R. P. ファインマンほか『ファインマン物理学 I-V』, 岩波書店, 1986-2002.

Galilei, Galileo. *Two New Sciences*. Translated, with introduction and notes, by Stillman Drake. Madison: University of Wisconsin Press, 1974.

―――. *Il Saggiatore*. Rome: Giacomo Masardi, 1623. ガリレオ

『偽金鑑識官』(山田慶兒, 谷泰訳), 中央公論新社, 2009.

——. *Dialogue Concerning the Two Chief World Systems— Ptolemaic & Copernican*. Translated by Stillman Drake. Berkeley: University of California Press, 1962. G. ガリレイ『天文対話, 上, 下』(青木靖三訳), 岩波文庫, 1959, 1961.

Gingerich, Owen. *The Great Copernicus Chase and Other Adventures in Astronomical History*. Cambridge: Sky Publishing, 1992.

Kepler, Johannes. *New Astronomy*. Translated and edited by William H. Donahue. Cambridge, England: Cambridge University Press, 1992. J. ケプラー『新天文学』(岸本良彦訳), 工作舎, 2013.

Koestler, Arthur. *The Sleepwalkers* (1959). Paperback reprint, New York: Grosset and Dunlap, 1963.

Maxwell, J. Clerk. *Matter and Motion* (1877). Reprint, with notes and appendices by Sir Joseph Larmor, London: Society for Promoting Christian Knowledge, 1920.

Newton, Isaac. *Sir Isaac Newton's Mathematical Principles of Natural Philosophy and His System of the World*. Edited by Florian Cajori. Berkeley: University of California Press, 1934. I. ニュートン『世界の名著 26 ニュートン』(河辺六男訳), 中央公論社, 1971. I. ニュートン『プリンシピア —— 自然哲学の数学的原理』(中野猿人訳), 講談社, 1977.

Santillana, Giorgio De. *The Crime of Galileo*. Chicago: University of Chicago Press, 1955. G. de サンティリャーナ『ガリレオ裁判』(一瀬幸雄訳), 岩波書店, 1973.

Stoppard, Tom. *Hapgood* (1988). Reprint, with corrections, London: Faber and Faber, 1994.

——. *Arcadia*. London: Faber and Faber, 1993.

——. "Playing with Science." *Engineering & Science* 58(1994):

3-13.
Thoren, Victor E., with John R. Christianson. *The Lord of Uraniborg: A Biography of Tycho Brahe*. Cambridge, England: Cambridge University Press, 1990.
Westfall, Richard S. *Never at Rest: A Biography of Isaac Newton*. Cambridge, England: Cambridge University Press, 1980. R. S. ウェストフォール『アイザック・ニュートン 1, 2』(田中一郎,大谷隆昶訳), 平凡社, 1993.

本書は,『ファインマンさん,力学を語る』と題して,
1996 年 8 月に岩波書店より刊行された.岩波現代文
庫版刊行にあたり,組み方を変更した.

ファインマンの特別講義——惑星運動を語る
D.L. グッドスティーン, J.R. グッドスティーン

2017 年 12 月 15 日　第 1 刷発行

訳　者　　砂川重信(すなかわしげのぶ)

発行者　　岡本　厚

発行所　　株式会社　岩波書店
　　　　　〒101-8002 東京都千代田区一ツ橋 2-5-5

　　　　　案内 03-5210-4000　営業部 03-5210-4111
　　　　　現代文庫編集部 03-5210-4136
　　　　　http://www.iwanami.co.jp/

印刷・精興社　製本・中永製本

ISBN 978-4-00-600371-5　Printed in Japan

岩波現代文庫の発足に際して

 新しい世紀が目前に迫っている。しかし二〇世紀は、戦争、貧困、差別と抑圧、民族間の憎悪等に対して本質的な解決策を見いだすことができなかったばかりか、文明の名による自然破壊は人類の存続を脅かすまでに拡大した。一方、第二次大戦後より半世紀余の間、ひたすら追い求めてきた物質的豊かさが必ずしも真の幸福に直結せず、むしろ社会のありかたを歪め、人間精神の荒廃をもたらすという逆説を、われわれは人類史上はじめて痛切に体験した。
 それゆえ先人たちが第二次世界大戦後の諸問題といかに取り組み、思考し、解決を模索したかの軌跡を読みとくことは、今日の緊急の課題であるにとどまらず、将来にわたって必須の知的営為となるはずである。幸いわれわれの前には、この時代の様ざまな葛藤から生まれた、人文、社会、自然諸科学をはじめ、文学作品、ヒューマン・ドキュメントにいたる広範な分野のすぐれた成果の蓄積が存在する。
 岩波現代文庫は、これらの学問的、文芸的な達成を、日本人の思索に切実な影響を与えた諸外国の著作とともに、厳選して収録し、次代に手渡していこうという目的をもって発刊される。いまや、次々に生起する大小の悲喜劇に対してわれわれは傍観者であることは許されない。一人ひとりが生活と思想を再構築すべき時である。
 岩波現代文庫は、戦後日本人の知的自叙伝ともいうべき書物群であり、現状に甘んずることなく困難な事態に正対して、持続的に思考し、未来を拓こうとする同時代人の糧となるであろう。

(二〇〇〇年一月)

岩波現代文庫［学術］

G302 岡倉天心『茶の本』を読む
若松英輔

東洋の美を代表する茶道を、詩情豊かな名文で西洋に初めて伝えた岡倉天心の代表作を、気鋭の批評家が、新たな視点から読み解く。岩波現代文庫オリジナル版。

G303 「平和国家」日本の再検討
古関彰一

戦後日本の平和主義をどう総括するか。憲法と安保条約に対する私達の認識は果たして正しかったか。新資料とグローバルな視点で憲法の誕生から現在までを問う。

G304 ロック『市民政府論』を読む
松下圭一

ロック思想の普遍性を明らかにした本書は、政治学・政治思想史の良き道案内であり、〈現代〉とは何かという問いにも答える。

G305 本の神話学
山口昌男

真に独創的な思想家の記念碑的作品、山口ワールドへの入門書。自由で快活な知を自らのものとする技法を明示。博覧強記の神話的一冊。〈解説〉今福龍太

G306 歴史・祝祭・神話
山口昌男

歴史の中で犠牲に供されたトロツキーやメイエルホリドらの軌跡を通して、スケープゴートを必要としそれを再生産する社会の深層構造をあぶり出す。〈解説〉今福龍太

2017.12

岩波現代文庫[学術]

G307-308 コロンブスからカストロまで(I・II) ——カリブ海域史，一四九二—一九六九
E・ウィリアムズ 川北 稔訳

帝国主義に侵され、分断されてきたカリブ海域の五世紀に及ぶ歴史を、同地出身の黒人歴史家で卓越した政治指導者が描く。

G309 中国再考 ——その領域・民族・文化
葛 兆光 著／辻 康吾 監修／永田小絵 訳

現在の中国は歴史的にいかに形成されたのか。歴史を考察して得られる理性によって民族主義的な情緒を批判し、他国民と敬意をもって共存する道を探る。

G310 音楽史と音楽論
柴田南雄

人類史において音楽はどう変遷してきたか。本書は日本を軸に東洋・西洋の音楽史を共時的に比較する。実作と理論活動の精髄を凝縮。〈解説〉佐野光司

G311 医学者は公害事件で何をしてきたのか
津田敏秀

水俣病などの公害事件で、非科学的な論理を展開し被害者を切り捨ててきた学者の言動を検証し、その後の情報を加えた改訂版。

G312 過去は死なない ——メディア・記憶・歴史
テッサ・モーリス-スズキ 著／田代泰子 訳

長き論争を超えて、歴史への新たな対話はいかに可能か。過去のイメージを再生産する小説や映画など諸メディアの歴史像と対峙する。〈解説〉成田龍一

2017.12

岩波現代文庫［学術］

G313 デカルト『方法序説』を読む　谷川多佳子

このあまりにも有名な著作の思索のプロセスとその背景を追究し、デカルト思想の全体像を平明に読み解いてゆく入門書の決定版。

G314 デカルトの旅／デカルトの夢　—『方法序説』を読む—　田中仁彦

謎のバラ十字団を追うデカルトの青春彷徨と「炉部屋の夢」を追体験し、『方法序説』に結実した近代精神の生誕のドラマを再現。

G315 法華経物語　渡辺照宏

『法華経』は、代表的な大乗経典であり、仏教の根本テーマが、長大な物語文学として語られる。仏教学の泰斗による『法華経』入門のための名著。

G316 フロイトとユング　—精神分析運動とヨーロッパ知識社会—　上山安敏

精神分析運動の創始者フロイトと集合的無意識の発見者ユング。二人の出会いと別離に潜む現代思想のドラマをヴィヴィッドに描く。
〈解説〉鷲田清一

G317 原始仏典を読む　中村 元

原始仏典を読みみながら、釈尊の教えと生涯を平明に解き明かしていく。仏教の根本思想が、わかり易く具体的に明らかにされる。

2017.12

岩波現代文庫[学術]

G318 古代中国の思想
戸川芳郎

中国文明の始まりから漢魏の時代にいたる思想の流れを、一五のテーマで語る概説書。年表のほか詳細な参考文献と索引を付す。

G319 丸山眞男を読む
間宮陽介

丸山眞男は何を問い、その問いといかに格闘したのか。通俗的な理解を排し、「現代に生きる」ラディカルな思索者として描き直す、スリリングな力作論考。

G320 『維摩経』を読む
長尾雅人

汚濁の現実の中にあって、在家の人々を救うことを目的とした『維摩経』こそ、現代人にふさわしい経典である。経典研究の第一人者が読み解く。〈解説〉桂 紹隆

G321 イエスという経験
大貫 隆

イエスその人の言葉と行為から、その経験の全体像にせまる。原理主義的な聖書理解に抗してイエス物語を読みなおす野心的な企て。

G322 『涅槃経』を読む
高崎直道

釈尊が入滅する最後の日の説法を伝える経典。「仏の永遠性」など大乗仏教の根本真理が語られる。経典の教えを、分かりやすく解読する。〈解説〉下田正弘

2017.12

岩波現代文庫［学術］

G323 世界史の構造
柄谷行人

世界史を交換様式の観点から捉え直し、人類社会の秘められた次元を浮かび上がらせる本書は、私たちに未来への構想力を回復させる。ロングセラーの改訂版。

G324 生命の政治学
——福祉国家・エコロジー・生命倫理——
広井良典

社会保障、環境政策、生命倫理——別個に扱われがちな課題を統合的に考察。新たな人間理解の視座と定常型社会を進める構想を示す。

G325 戦間期国際政治史
斉藤孝

二つの世界大戦の間の二〇年の国際政治史を、各国の内政史、経済史、社会史、思想史などの諸分野との関連で捉える画期的な概説書。〈解説〉木畑洋一

G326 十字架と三色旗
——近代フランスにおける政教分離——
谷川稔

フランス革命は人びとの生活規範をどう変えたのか？　革命期から現代まで、カトリック教会と共和派の文化的ヘゲモニー闘争のあとをたどる。

G327 権力政治を超える道
坂本義和

権力政治は世界が直面している問題の解決にならない。これに代わる構想と展望を市民の視点から追求してきた著者の論考を厳選。〈解説〉中村研一

2017.12

岩波現代文庫[学術]

G328 シュタイナー哲学入門
——もう一つの近代思想史——

高橋 巖

近代思想の根底をなす霊性探求の学・神秘学、その創始者が明らかにした「もう一つの」近代思想史。シュタイナー思想を理解するための最良の書。〈解説〉若松英輔

G329 朝鮮人BC級戦犯の記録

内海愛子

日本の戦争責任の末端を担って戦犯に問われた朝鮮人一四八人。その多くが監視員として過ごした各地の俘虜収容所で、何が起こっていたのか。

G330 ユング 魂の現実性(リアリティー)

河合俊雄

ユングはなぜ超心理学、錬金術、宗教など神秘主義的な対象を取り上げたのか。その独自でラディカルな思想に真正面から取り組んだ知的評伝。

G331 福沢諭吉

ひろたまさき

「一身独立」を熱く説き、日本の近代への転換を体現した福沢諭吉。激動の生涯を克明に跡づけ、その思想的転回の意味を歴史の中で問い直す評伝。〈解説〉成田龍一

G332-333 中江兆民評伝(上・下)

松永昌三

時代を先取りした兆民の鋭い問題提起は、いまなおその輝きを失っていない。画期的な『全集』の成果を駆使して〝操守ある理想家〟の苦闘の生涯を活写した、決定版の伝記。

2017.12

岩波現代文庫［学術］

G334 差異の政治学 新版 上野千鶴子

「われわれ」と「かれら」、「内部」と「外部」とのあいだにひかれる切断線の力学を読み解き、フェミニズムがもたらしたパラダイム・シフトの意義を示す。

G335 発情装置 新版 上野千鶴子

ヒトを発情させる、「エロスのシナリオ」を徹底解読。時代ごとの性風俗やアートから、性のアラレもない姿を堂々と示す迫力の一冊。

G336 権力論 杉田敦

われわれは権力現象にいかに向き合うべきか。『思考のフロンティア 権力』と『権力の系譜学』を再編集。権力の本質を考える際の必読書。

G337 境界線の政治学 増補版 杉田敦

国家の内部と外部、正義と邪悪、文明と野蛮の境界線にこそ政治は立ち現れる。近代の政治理解に縛られる我々の思考を揺さぶる論集。

G338 ジャングル・クルーズにうってつけの日 ―ヴェトナム戦争の文化とイメージ― 生井英考

アメリカにとってヴェトナム戦争とはどのような経験だったのか。様々な表象を分析しながら戦争の実相を多面的に描き、その本質に迫る。

2017.12

岩波現代文庫［学術］

G339 書誌学談義 江戸の板本　中野三敏

江戸の板本を通じて時代の手ざわりを実感するための基礎知識を、近世文学研究の泰斗がわかりやすく伝授する、和本リテラシー入門。

G340 マルク・ブロックを読む　二宮宏之

現代歴史学に革命をおこし、激動の時代を生きたブロック。その波瀾万丈な生涯の軌跡と作品世界についてフランス史の碩学が語る。
〈解説〉林田伸一

G341 日本語文体論　中村明

日本語の文体の特質と楽しさを具体的に分かり易く説いた一冊。日本語の持つ魅力、楽しさが、作家の名表現を紹介しながら縦横に語られる。

G342 歴史を哲学する ─七日間の集中講義─　野家啓一

「歴史的事実」とは何か？　科学哲学・分析哲学の視点から「歴史の物語り論」「歴史修正主義論争」など歴史認識の問題をリアルな講義形式で語る、知的刺激にあふれた本。

G343 南部百姓命助の生涯 ─幕末一揆と民衆世界─　深谷克己

幕末東北の一揆指導者・命助の波瀾の生涯をたどり、人々の暮らしの実態、彼らの世界観、時代のうねりを生き生きと描き出す。

2017.12

岩波現代文庫[学術]

G344 〈物語と日本人の心〉コレクションI
源氏物語と日本人
――紫マンダラ――
河合隼雄　河合俊雄編

『源氏物語』の主役は光源氏ではなく、紫式部だった? 臨床心理学の視点から、現代社会を生きる日本人が直面する問題を解く鍵を提示。〈解説〉河合俊雄

G345 〈物語と日本人の心〉コレクションII
物語を生きる
――今は昔、昔は今――
河合隼雄　河合俊雄編

日本の王朝物語には、現代人が自分の物語を作るための様々な知恵が詰まっている。河合隼雄が心理療法家独特の視点から読み解く。〈解説〉小川洋子

G346 〈物語と日本人の心〉コレクションIII
神話と日本人の心
河合隼雄　河合俊雄編

日本人の心性の深層に存在する日本神話の意味と魅力を、世界の神話・物語との比較の中で分析し、現代社会の課題を探る。〈解説〉中沢新一

G347 〈物語と日本人の心〉コレクションIV
神話の心理学
――現代人の生き方のヒント――
河合隼雄　河合俊雄編

神話の中には、生きるための深い知恵が詰まっている! 現代人が人生において直面する悩みの解決にヒントを与える「神々の処方箋」。〈解説〉鎌田東二

G348 〈物語と日本人の心〉コレクションV
昔話と現代
河合隼雄　河合俊雄編

昔話に出てくる殺害、自殺、変身譚、異類婚、夢などは何を意味するのか。現代人の心の課題を浮き彫りにする論集。現代文庫オリジナル版。〈解説〉岩宮恵子

2017.12

岩波現代文庫［学術］

G349
〈物語と日本人の心〉コレクションVI 定本 昔話と日本人の心

河合隼雄
河合俊雄編

ユング心理学の視点から、昔話のなかに日本人独特の意識を読み解く。著者自身による解題を付した定本。〈解説〉鶴見俊輔

G350
改訂版 なぜ意識は実在しないのか

永井 均

「意識」や「心」が実在すると我々が感じる根拠とは？ 古くからの難問に独在論と言語哲学・分析哲学の方法論で挑む。進化した永井ワールドへ誘う全面改訂版。

G351-352
定本 丸山眞男回顧談（上下）

松沢弘陽
植手通有編
平石直昭

自らの生涯を同時代のなかに据えてじっくりと語りおろした、昭和史の貴重な証言。読解に資する注を大幅に増補した決定版。下巻に人名索引、解説（平石直昭）を収録。

G353
宇宙の統一理論を求めて
——物理はいかに考えられたか——

風間洋一

太陽系、地球、人間、それらを造る分子、原子、素粒子。この多様な存在と運動形式をどのように統一的にとらえようとしてきたか。科学者の情熱を通して描く。

G354
トランスナショナル・ジャパン
——ポピュラー文化がアジアをひらく——

岩渕功一

一九九〇年代における日本の「アジア回帰」を通して、トランスナショナルな欲望と内向きのナショナリズムとの危うい関係をあぶり出した先駆的研究が最新の論考を加えて蘇る。

2017.12

岩波現代文庫［学術］

G355 ニーチェかく語りき
三島憲一

ニーチェを後世の芸術家や思想家はどう読んだのか。ハイデガーや三島由紀夫らが共感した言葉を紹介し、ニーチェ読解の多様性を論ずる。岩波現代文庫オリジナル版。

G356 江戸の酒
——つくる・売る・味わう——
吉田 元

酒づくりの技術が確立し、さらに洗練されていった江戸時代の、日本酒をめぐる歴史・社会・文化を、史料を読み解きながら精細に描き出す。〈解説〉吉村俊之

G357 増補 日本人の自画像
加藤典洋

日本人というまとまりの意識によって失われたものとは何か。開かれた共同性に向けた、「内在」から「関係」への〝転轍〟は、どのようにして可能となるのか。

G358 自由の秩序
——リベラリズムの法哲学講義——
井上達夫

「自由とは何か」を理解するには、「自由」を可能にする秩序を考えなくてはならない。法哲学の第一人者が講義形式でわかりやすく解説。

G359-360 「萬世一系」の研究（上・下）
——「皇室典範的なるもの」への視座——
奥平康弘

新旧二つの皇室典範の形成過程を歴史的に検証、日本国憲法下での天皇・皇室のあり方について議論を深めるための論点を提示する。〈解説〉長谷部恭男（上）、島薗進（下）

2017.12

岩波現代文庫［学術］

G361 日本国憲法の誕生 増補改訂版
古関彰一

第九条制定の背景、戦後平和主義の原点を見つめながら、現憲法制定過程で何が起きたかを解明。新資料に基づく知見を加えた必読書。

G363 語る藤田省三 ―現代の古典をよむということ―
竹内光浩・本堂明・武藤武美編

ラディカルな批評精神をもって時代に対峙し続けた「談論風発」の人・藤田省三。その鮮烈な「語り」の魅力を再現する。岩波現代文庫オリジナル版。〈解説〉宮村治雄

G364 レヴィナス ―移ろいゆくものへの視線―
熊野純彦

レヴィナスが問題とした「時間」「所有」「他者」とは何か？ 難解といわれる二つの主著のテクストを丹念に読み解いた名著。〈解説〉佐々木雄大

G365 靖国神社 ―「殉国」と「平和」をめぐる戦後史―
赤澤史朗

戦没者の「慰霊」追悼の変遷を通して、国家観・戦争観・宗教観こそが靖国神社をめぐる最大の争点であることを明快に解き明かす。〈解説〉西村明

G366 貧困と飢饉
アマルティア・セン
黒崎卓・山崎幸治訳

世界各地の「大飢饉」の原因は、食料供給量の不足ではなく人々が食料を入手する権原（能力と資格）の剝奪にあることを実証した画期的な書。

2017.12

岩波現代文庫［学術］

G367 アイヒマン調書
──ホロコーストを可能にした男──

ヨッヘン・フォン・ラング 編
小俣和一郎 訳
〈解説〉芝 健介

ナチスによるユダヤ人殺戮のキーマン、アイヒマン。八カ月、二七五時間にわたる尋問調書から浮かび上がるその人間像とは？

G368 新版 はじまりのレーニン

中沢新一

西欧形而上学の底を突き破るレーニンの唯物論はどのように形成されたのか。ロシア革命一〇〇年の今、誰も書かなかったレーニン論が蘇る。

G369 歴史のなかの新選組

宮地正人

信頼に足る史料を駆使して新選組のリアルな実像に迫り、幕末維新史のダイナミックな構造の中でとらえ直す、画期的〝新選組史論〟。「浪士組・新徴組隊士一覧表」を収録。

G370 新版 漱石論集成

柄谷行人

思想家柄谷行人にとって常に思考の原点であった漱石に関する評論、講演録等を精選し、集成。同時代の哲学・文学との比較など多面的な切り口からせまる漱石論の決定版。

G371 ファインマンの特別講義
──惑星運動を語る──

D・L・グッドスティーン
J・R・グッドスティーン
砂川重信 訳

知られざるファインマンの名講義を再現。三角形の合同・相似だけで惑星の運動を説明。再現にいたる経緯やエピソードも印象深い。

2017.12

岩波現代文庫［学術］

G372
ラテンアメリカ五〇〇年
——歴史のトルソー——

清水　透

ヨーロッパによる「発見」から現代まで、約五〇〇年にわたるラテンアメリカの歴史を、独自の視点から鮮やかに描き出す講義録。

G373
〈仏典をよむ〉1
ブッダの生涯

中村　元
前田專學監修

（全四冊）

誕生から悪魔との闘い、最後の説法まで、ブッダの生涯に即して語り伝えられている原始仏典を仏教学の泰斗がわかりやすくよみ解く。

2017.12